BERGAMOTTE

MEINE *grüne* WELT

Bibliografische Information der Deutschen Nationalbibliothek
Die Deutsche Nationalbibliothek verzeichnet diese Publikation in der Deutschen Nationalbibliografie.
Detaillierte bibliografische Daten sind im Internet über http://d-nb.de abrufbar.

Für Fragen und Anregungen
info@mvg-verlag.de

1. Auflage 2021

Türkenstraße 89
D-80799 München
Tel.: 089 651285-0
Fax: 089 652096

Übersetzung: Nadine Lipp
Redaktion: Caroline Kazianka
Umschlaggestaltung: Isabella Dorsch
Umschlagabbildung: © Bergamotte
Konzeption: © Bergamotte, Claire Vergier
Fotos: Louise Goossens, Olivia Thébaut, Julie Charles, Émilie de Castro, Marion Decroocq, Camille Aussedat, Vincent Sergère
Illustrationen: Louise Goossens, Émilie de Castro, Claire Le Meil, Marion Ballarin
Models: Salomé de Maat, Alexane Pontes, Daphné Moreau
Dekoration: Mylène Kiener, Cyrielle Wattinne, Alice Bizien, Jean de Nicolay
Satz: Müjde Puzziferri, MP Medien, München
Druck: Florjancic Tisk d.o.o., Slowenien
Printed in the EU

ISBN Print 978-3-7474-0285-6
ISBN E-Book (PDF) 978-3-96121-641-3
ISBN E-Book (EPUB, Mobi) 978-3-96121-642-0

BERGAMOTTE

MEINE *grüne* WELT

Der besondere Guide
für deine Zimmerpflanzen,
Blumensträuße und Wandkränze

mvgverlag

Inhalt

BERGAMOTTE
LA NATURE
LIVRÉE CHEZ VOUS

Vorwort

Im Herzen von Paris haben wir einen Ort erschaffen, an dem es das ganze Jahr über blüht.

Hier schmiegen sich die verschiedensten Pflanzen aneinander und wunderschöne Blumen laben sich im Wasser. Dieser Ort ist unser Pflanzenatelier. Seit es ihn gibt, haben wir Unterstützung und Zuspruch von Tausenden Pflanzenfans bekommen, Menschen, die schöne Blumen und Pflanzen in allen Formen und Farben lieben.

Diese Gemeinschaft wächst immer weiter, und das kommt nicht von ungefähr. Mehr als je zuvor verspüren wir heutzutage das Bedürfnis, unsere Wohnungstüren für die Natur zu öffnen und uns Zeit zu nehmen, uns auf das Wesentliche zu besinnen. Liegt es da nicht auch nahe, der Natur wieder ihre ursprüngliche Bedeutung zurückzugeben? Ihr zu helfen, sich zu entfalten, damit auch wir uns entfalten können?

Mit diesem Buch richten wir uns an Gärtner*innen in spe, aber auch an jene, die Pflanzen gegenüber bisher eher skeptisch sind. Die Idee hinter dem Buch ist folgende: Wir wollen die Geheimnisse einer Gemeinschaft, die Blumen liebt und von schönen Pflanzen begeistert ist, mit anderen teilen und so möglichst viele Menschen erreichen. Damit sich dann jede und jeder an einer grünen Umgebung freuen kann, auch ohne das Wohnzimmer zu verlassen - denn die Natur lebt gerne mit uns zusammen.

Macht es also wie wir und genießt eure grüne Welt!

La Maison

Die Anfänge

Frühling 2015. Ein frischer Blumenduft liegt in der Luft, den knospenden Zweigen an den Bäumen sieht man an, dass die Natur langsam erwacht. Romain, einer der Gründer von Bergamotte, möchte den Charme dieses Frühlingstages einfangen und seiner Frau einen saisonal abgestimmten Blumenstrauß schicken. Es muss schnell gehen, die Blumen sollen eine Überraschung sein und sie erreichen, bevor er nach Hause kommt. Da er aber keinen Strauß findet, der seinen Vorstellungen entspricht, beschließt er, die Sache selbst in die Hand zu nehmen: Die Idee von Bergamotte ist geboren!

Er tut sich mit Loïc zusammen, einem genialen Web Developer, und gemeinsam brechen sie zu einem Roadtrip durch ganz Europa auf. Ihr Ziel: Sie wollen dem schönen Beruf des Floristen nachspüren.

Ein paar Monate später haben sie alle Geheimnisse der Pflanzenwelt erforscht und die Website Bergamotte geht an den Start. Mit drei Klicks kann man nun saisonale Blumensträuße bestellen, die von talentierten Florist*innen zusammengestellt und innerhalb weniger Stunden an die entsprechende Adresse geliefert werden. Das Angebot umfasst auch seltene und robuste Zimmerpflanzen, die von europäischen Gärtnereien bezogen werden, sowie kunsthandwerklich gefertigte Vasen und Übertöpfe.

In weniger als drei Jahren entwickelt sich Bergamotte zu einer Bekanntheit im Pflanzenuniversum und begeistert eine stetig weiterwachsende Gruppe von Pflanzenliebhaber*innen. Schließlich ist das Pariser Atelier zu klein, um all die üppigen Pflanzen und Blumen zu beherbergen. Es muss mehr Platz her! Vor den Toren von Paris eröffnet daher ein zweites Atelier, um Pflanzen und Blumen in Empfang zu nehmen, zu pflegen und zusammenzustellen.

Mittlerweile besteht die Hälfte der Mitarbeiter*innen, die Bergamotte um sich geschart hat, aus Florist*innen oder Pflanzenexpert*innen! Somit ist es ein Leichtes, jede Woche Tausende von Blumensträußen und Pflanzen auch nach Deutschland auszuliefern.

L'atelier
BERGAMOTTE
BERGAMOTTE
Claire le Meil

Hinter den Kulissen

Jeden Morgen erwacht unser Atelier im Morgengrauen, um Tausende Blumen und Hunderte Pflanzen entgegenzunehmen, die uns direkt von unseren Partnergärtnereien geliefert werden. Unsere Florist*innen kümmern sich um jede einzelne Blume und stellen je nach Saison und den Ideen unserer Blumendesigner*innen Sträuße zusammen.

Unsere Pflanzenexpert*innen umsorgen die Pflanzen, bis sie verschickt werden: Sie werden gegossen, umgetopft, zugeschnitten und durchlaufen somit ein wahres Beautyprogramm!

Für den Transport kommen die Sträuße und Pflanzen in maßgeschneiderte Verpackungen, damit keine Blüte, kein Blatt und kein Stamm beschädigt wird. Während des Transports werden die Pflanzen und Blumen selbstverständlich feucht gehalten, damit sie ihr Ziel auch so erreichen, wie sie unser Atelier verlassen haben: in einem perfekten Zustand! Und so schön, dass sie an der Stelle, die ihr für sie vorgesehen habt, glänzen können!

Pflanzen-
liebe

01

Pflanzen und ihre positiven Auswirkungen

Ihr besitzt eine Yucca-Palme, eine Sansevieria oder einen Gummibaum? Herzlichen Glückwunsch! Euch ist wahrscheinlich noch gar nicht klar, dass ihr Glückspilze seid! Hier erfahrt ihr, was eure grünen Mitbewohner für euch tun.

… auf die Gesundheit

Liegt es an ihrer beruhigenden Farbe? An ihrer Auswirkung auf die Raumluft? Oder an der Aufmerksamkeit, die wir ihnen zuteilwerden lassen, daran, dass die Pflege eine ruhige und entspannende Tätigkeit darstellt? Sicher ist: Pflanzen wirken sich positiv auf die Gesundheit aus. Dieses Phänomen wurde bereits ausführlich erforscht (siehe dazu vor allem die Studien von Tove Fjeld aus dem Jahr 2000 in einem norwegischen Krankenhaus, Abteilung Radiologie). Wissenschaftler*innen konnten vor allem in begrünten Büroräumen Überraschendes feststellen: Im Durchschnitt nahm die Anzahl von migränegeplagten Mitarbeitern um 45 Prozent ab, Symptome wie Müdigkeit gingen um 32 Prozent und Husten um 38 Prozent zurück. Diese Auswirkungen auf die Gesundheit erklären sich laut den Expert*innen unter anderem dadurch, dass Pflanzen die Luft reinigen und die Feuchtigkeit regulieren können.

… auf die Produktivität

Gesünder zu sein bedeutet auch, effizienter zu sein! Die norwegischen Wissenschaftler*innen Tina Bringslimark, Grete Patil und Terry Hartig haben im Jahr 2008 festgestellt, dass sich Arbeitnehmer*innen, die in einer begrünten Umgebung arbeiteten, seltener krankschreiben ließen. Diese Ergebnisse bestätigen diejenigen, die Marlon Nieuwenhuis, Forscherin im Bereich Psychologie an der Universität Cardiff, vorgelegt hat. In ihrer Studie, im *Journal of Experimental Psychology* veröffentlicht, kam sie zu dem Schluss: »Stellt man Pflanzen in ein karges Büro, erhöht man die Produktivität um 15 Prozent.«

»Pflanzen sind unsere besten Verbündeten, wenn es um Gesundheit und Wohlbefinden geht.«

... auf die Raumluft

Dieses Thema bewegt offenbar die Gemüter und es gibt dazu gegensätzliche Aussagen: Können Pflanzen die Luft wirklich effizient reinigen? Bei der Antwort muss differenziert werden. Die NASA hat Versuche durchgeführt, um zu zeigen, dass bestimmte Pflanzen schädliche Substanzen absorbieren können. Die Sansevieria etwa nimmt unter anderem Formaldehyd, Trichlorethen und Benzol auf (diese Substanzen kommen in Zigaretten vor). Zimmerpflanzen können unsere Innenräume jedoch nicht komplett entgiften – damit sie dies in etwa tun, müssten 2,4 Pflanzen pro Quadratmeter aufgestellt sein. Ihr solltet eure grünen Mitbewohnerinnen also eher als eine kleine positive Hilfestellung ansehen und weiterhin mindestens 10 Minuten am Tag lüften. Was die Pflanzen betrifft, die angeblich gegen Strahlen wirken und über die viel diskutiert wird, dazu gibt es bis heute keine ernst zu nehmende Studie.

... auf die Ästhetik

Das Wichtigste ist: Pflanzen wirken sich nicht nur positiv auf die Gesundheit aus, sondern auch ganz erheblich auf das Flair der Inneneinrichtung. Wahrscheinlich lässt sich in keiner Apotheke etwas finden, das gleichzeitig das Wohlbefinden befördert und Atmosphäre ins Wohnzimmer bringt wie eine Aloe vera oder Pilea. Pflanzen haben genauso viel Ausstrahlung wie ein edles Designerstück und lassen sich darüber hinaus mit allen gestalterischen Launen und Vorlieben kombinieren, denn sie passen immer.

Neue Pflanzen aufnehmen

Eure neue Mitbewohnerin wird euer Leben schöner machen, das ist klar, aber im Gegenzug müsst ihr euch um sie kümmern. Es liegt an euch, den besten Standort für eure Pflanze zu wählen. Dafür müsst ihr sie kennenlernen. Sie braucht nicht viel, aber das, was sie braucht, ist lebenswichtig und bei jeder Pflanzenart ein wenig verschieden. Ihr müsst einen Standort für sie finden, der ihren Bedürfnissen entspricht, aber natürlich auch in eurem Interieur möglich ist. So könnt ihr euer Zusammenleben erleichtern.

Wasser

In Bezug auf die Wassermenge haben Pflanzen unterschiedliche Bedürfnisse, und das hängt immer von ihrer Herkunft ab. Ein Wüstenkaktus kann sehr lange durchhalten, ohne gegossen zu werden. Aber eine tropische Pflanze wie die Hoya, Calathea oder Strelitzia braucht viel häufiger Wasser. Darüber hinaus ist die Luftfeuchtigkeit ein entscheidender Faktor fürs Wohlergehen. Heizung und Zugluft trocknen die Luft aus. Für die durstigsten Pflanzen kann das Badezimmer ein guter Standort sein.

Licht

Alle Pflanzen brauchen wohltuendes Sonnenlicht (und nicht nur eine Lampe, wie schön auch immer sie sein mag), aber nur wenige ertragen eine direkte und ständige Sonnenexposition wie die Kakteen. Bestimmte Pflanzen kommen mit einem schattigen Standort besser zurecht als andere, so die Calathea, der Gummibaum oder die Sansevieria. Aber Vorsicht, ein Minimum an Sonnenlicht brauchen auch sie. Deshalb sollten sie nicht allzu weit weg vom Fenster stehen, wenn sie sich in einem Zimmer befinden, in das nur wenig Licht fällt. Die jeweiligen Lichtansprüche müsst ihr berücksichtigen, wenn ihr den geeigneten Standort für eine Pflanze sucht.

Platz

Manche Pflanzen wachsen und entwickeln sich langsam wie die Kentia-Palme, andere schnell wie etwa die Monstera. Ihr müsst daher überlegen, wie stark das Wachstum ist, um die Pflanze nicht allzu oft umstellen zu müssen. Vergesst zudem die Wurzeln nicht! Auch sie brauchen Platz, um ein gutes Gedeihen zu gewährleisten, daher solltet ihr Pflanzen hin und wieder umtopfen.

Liebe

Pflanzen, und nicht nur sie, brauchen Liebe, das wisst ihr sicher! Kleine Aufmerksamkeiten wie das Entstauben oder das Besprühen der Blätter erhalten die Freundschaft.

Der ideale Standort

Der ideale Platz ist dort, wo sowohl die Bedürfnisse der Pflanze erfüllt werden als auch eure Gestaltungsideen umgesetzt sind. Auf den folgenden Seiten könnt ihr euch inspirieren lassen.

»Ein guter Standort ist das A und O, damit eine Pflanze gedeiht.«

Im Wohnzimmer

Eine Pflanze ist für die Gestaltung des Wohnzimmers immer eine gute Idee. Aber nicht vergessen: Sie ist kein Objekt. Bevor ihr die Pflanze aussucht, die euch am besten gefällt, solltet ihr euch zunächst ein paar Fragen stellen. Ist euer Wohnzimmer hell genug? (Falls nicht, siehe S. 47.) Die Pflanze sollte auch nicht sehr viel Luftfeuchtigkeit benötigen, diese Arten sind besser in der Küche oder im Bad aufgehoben.
Elegant, ungewöhnlich, üppig, filigran, unauffällig – es gibt sicher eine oder mehrere Pflanzen, die genau zu eurer Einrichtung und Befindlichkeit passen. Eine große, in die Höhe strebende Pflanze direkt neben dem Sofa? Eine kleine, süße fürs Bücherregal? Wählt die aus, die bei euch gut gedeihen können, ohne sich zu breitzumachen.

Eindruck schindet ihr mit …

- dem Ficus lyrata (Geigenfeige)
- der Kentia-Palme
- der Pachira (Glückskastanie oder Wilder Kakaobaum)
- der Strelitzia (Paradiesvogelblume)

Vom Himmel gefallen

Geeignete Hängepflanzen:

- Scindapsus (Efeutute)
- Hoya (Wachsblume)
- Sedum morganianum (Schlangen-Fetthenne)

»Pflanzen sind lebende Skulpturen.«

Im Bad

Der Großteil unserer immergrünen Zierpflanzen sind tropische Pflanzen. Das bedeutet, sie brauchen eine warme und feuchte Umgebung, um sich gut entfalten zu können, und dies ist in einer Wohnung oder einem Haus schwer zu bekommen – außer im Badezimmer! Wenn das Bad ein Fenster hat, ist es der ideale Ort für diese Pflanzen. Und ihr profitiert täglich davon, wenn sie euch mit ihrer exotischen Aura auf andere Gedanken bringen.

Checkliste der tropischen Pflanzen

- Pilea peperomioides (Ufopflanze)
- Maranta (Pfeilwurz)
- Chamaedorea (Bergpalme)
- Fittonia (Mosaikpflanze)
- Calathea (Korbmarante)
- Scindapsus pictus (Gefleckte Efeutute)
- Strelitzia (Paradiesvogelblume)
- Aglaonema (Kolbenfaden)

Und in der Küche?

Etwas weniger als das Bad, aber auch die Küche ist ein feuchter Raum. Euren tropischen Pflanzen könnte es daher hier ebenfalls gut gefallen. Eure beste Verbündete an diesem Ort? Die Pilea! Sie leistet euch nicht nur schöne Gesellschaft, sie saugt auch Küchengerüche auf.

Im Schlafzimmer

Es ist grundsätzlich keine schlechte Idee, von Pflanzen umgeben zu schlafen. Nachts geben grüne Pflanzen zwar CO_2 ab, aber nur sehr wenig, weniger sogar, als euer oder der Atem eures Partners enthält. Bestimmte Arten verbessern allerdings die Luftqualität wie die Areca-Palme oder der Ficus. Und der Kaktus sondert, im Gegensatz zu seinen Blattkolleginnen, nachts Sauerstoff ab. Wenn ihr euer Schlafzimmer begrünt, könnt ihr also nur gewinnen.

Und im Kinderzimmer?

Wenn euer Kind gerade in der Entdeckungsphase steckt, ist es besser, ihm keine Pflanze in den Weg zu stellen. Meidet vor allem Pflanzen mit Dornen oder spitzen Stacheln sowie giftige Pflanzen (siehe S. 48).

Eine Freundin für die Nacht

- Kaktus
- Calathea (Korbmarante)
- Scindapsus pictus (Gefleckte Efeutute)
- Hoya (Wachsblume)
- Strelitzia nicolai (Baumstrelitzie)
- Zamioculcas (Glücksfeder)

Im Arbeitszimmer

Wie bereits gesagt, ist die Wirkung von Pflanzen vielfältig und es muss nicht noch einmal bewiesen werden, dass sie einen positiven Einfluss auf die Produktivität haben. Neuropsychologische Symptome und Hals-Nasen-Ohren-Beschwerden nehmen ab, der Stress und die Krankschreibungen ebenfalls. Es gibt also genug Gründe, Pflanzen zu den »Mitarbeiterinnen des Monats« zu küren und sie zu euren besten Kolleginnen zu machen.

Kolleginnen, die euer Bestes wollen

- die Areca-Palme (Goldfruchtpalme)
- die Pilea (Ufopflanze)
- der Ficus (Feige)

Mit ihren vielfältigen Formen, Mustern und Schattierungen laden sie euch ein, am Schreibtisch in grüne Oasen zu verreisen, und regen so auch eure Kreativität an.
Integriert Pflanzen ins Büro, um eine angenehme, freundliche und stimulierende Arbeitsumgebung zu schaffen! Allein schon, weil man sich um die Pflanze kümmert, baut man eine emotionale Verbindung zum Arbeitsplatz auf und eignet sich diesen oft so unpersönlichen Ort an.
Und abgesehen von der Produktivitätssteigerung, müsst ihr doch zugeben, dass es viel angenehmer ist, in einem schönen Ambiente zu arbeiten.

»Pflanzen fördern die Konzentration.«

Die *Künstlerinnen*

Grafische und geometrische Formen, bunte Muster, gezackte Blätter: Man könnte meinen, sie kämen direkt aus einer Haute-Couture-Werkstatt. Diese Pflanzen sind eine unerschöpfliche Quelle der Inspiration. Aber urteilt selbst!

Die Pilea

Wegen ihrer runden Blätter wird die Pilea peperomioides Chinesischer Geldbaum, Glückstaler oder Ufopflanze genannt. Sie ist ein Star unter den Pflanzen und schafft es ganz allein, jedem Raum, in dem sie steht, ein weiches, aber eindrückliches Ambiente zu verleihen. Der norwegische Missionar Agnar Espegren soll sie 1946 aus der chinesischen Provinz Yunnan nach Europa gebracht haben, weshalb sie auch Missionarspflanze heißt. In den 1970ern war sie sehr angesagt, heutzutage feiert sie zu unserer großen Freude als Instagram-Star ein wunderbares Comeback!

STANDORT

Hell

Die Blätter werden vom Licht angezogen. Daher ist es sinnvoll, den Topf immer mal wieder etwas zu drehen, damit sie gleichmäßig in alle Richtungen wächst. Direktes Sonnenlicht mag sie nicht.

GIESSEN

Häufig

Die Erde sollte nicht austrocknen und ganz leicht feucht sein. Im Sommer bis zu 2-mal die Woche gießen, im Winter maximal 1-mal. Achtet darauf, überschüssiges Wasser aus dem Untersetzer zu leeren.

PFLEGE

Gewusst, wie

Ein regelmäßiges Umtopfen im Frühling tut ihr gut.

WIRKUNG

Reinigend

Sie reinigt die Luft in einem Umkreis von 10 m^2.

PLUSPUNKT

Wohlstand

Reichtum, die Rückkehr einer geliebten Person innerhalb von 48 Stunden oder die WLAN-Verbindung in weniger als 45 Minuten – ihr versteht schon, die Pilea hat den Ruf, Glück zu bringen, vor allem, wenn man eine Goldmünze in den Topf steckt. Das glaubt ihr nicht? Sicher ist auf jeden Fall, dass sie innerhalb kürzester Zeit eine hübsche 1970er-Jahre-Atmosphäre in euer Wohnzimmer zaubert.

Die Livistona

Die Schirmpalme mit ihren großen, gefächerten Blättern mag es gerne warm, die Kälte schätzt sie gar nicht. Heimisch ist sie in den üppigen tropischen Wäldern. Ihren Namen verdankt sie dem Forscher Patrick Murray, der im 17. Jahrhundert den schottischen botanischen Garten gründete und später Baron von Livingstone wurde. Sie ist nicht nur dekorativ, die Aborigines in Australien essen gerne ihr süßes Herz und in einigen Regionen Chinas dienen die Blätter zur Herstellung von Kleidung, Fächern oder Besen.

STANDORT

Hell

Eure neue Freundin mag die Sonne, aber kein direktes Sonnenlicht. Mit Halbschatten kommt sie ebenfalls sehr gut zurecht.

GIESSEN

Häufig

Diese Pflanze ist nicht besonders anspruchsvoll: Im Sommer reicht es, sie 2-mal in der Woche zu gießen, im Winter nur 1-mal. Achtet jedoch darauf, dass sie immer ausreichend Feuchtigkeit aufweist. Sie sollte nicht in unmittelbarer Nähe von Heizkörpern und nicht in der Zugluft stehen. Es gefällt ihr, wenn sie hin und wieder mit Wasser besprüht wird.

PFLEGE

Gewusst, wie

Ein Umtopfen im Frühling in einen größeren Topf, in den ihr ganz unten eine Blähtonschicht gebt, ist nur dann nötig, wenn ihr das Gefühl habt, die Palme hat es zu eng oder steht schief. Ansonsten schneidet ihr nur die vertrockneten Blätter mit einer Gartenschere ganz dicht am Stamm ab.

PLUSPUNKT

Pluspunkt

Im Badezimmer würde sie sich am wohlsten fühlen. Da kann sie euch dann Gesellschaft leisten, wenn ihr euch morgens fertig macht.

Die Calathea

Auf der Hitliste von Pflanzenexpert*innen steht die Calathea oder Korbmarante ziemlich weit oben – ihren Erfolg verdankt sie ihren vielen verschiedenen Variationen. Jede hat eine originelle Form und Blattmusterung: breite Streifen in verschiedenen Grüntönen, ovale oder spitz zulaufende Blätter, die manchmal leicht gerillt sind. Eine andere Extravaganz: Die Calathea rollt abends ihre Blätter ein, um sich auszuruhen, bei Sonnenlicht entrollt sie sie wieder.

STANDORT

Halbschattig oder hell

In ihrer Heimat im Amazonasgebiet wächst die Calathea im Schatten der dichten, feuchten Vegetation. In unseren Breiten muss man ihr Habitat nachstellen: kein direktes Sonnenlicht und ein Standort in sicherer Entfernung von Zugluft und Wärmequellen wie Heizkörpern oder einem Kaminofen, die sie nicht gewohnt ist.

GIESSEN

Häufig

Mehrmals die Woche im Frühling und Sommer, die Erde sollte immer leicht feucht sein, aber nicht völlig durchnässt. Im Herbst und Winter sollte die Erde an der Oberfläche erst trocknen, bevor wieder gegossen wird. Weil sie die Feuchtigkeit mag, schätzt sie es auch, wenn ihre Blätter regelmäßig besprüht werden.

PFLEGE

Gewusst, wie

Jedes Jahr oder zumindest alle 2 Jahre solltet ihr sie im Frühling umtopfen, damit sie sich gut entwickelt.

SYMBOLIK

Hoffnung

Die Calathea symbolisiert den Neuanfang, denn sie wendet gerne das Blatt (beziehungsweise rollt es abends ein). Das ideale Geschenk also für eine Einweihungsparty!

Die Anthurium clarinervium

Die Herzblatt- oder Flamingoblume gibt es in über 500 Varianten und sie ist unsere Lieblingspflanze! Warum? Ihre herzförmigen Blätter sind ausgesprochen ungewöhnlich und besonders dekorativ. Sie hat auf jeden Fall das Zeug zur Lieblingspflanze aller zukünftigen Pflanzenfans. Einer kolumbianischen Tradition zufolge schenkt man einem jungen Paar, das zusammenzieht, eine Herzblattblume. Ihre Blüte hält 3 Monate - genug Zeit, um sein neues Heim sorgfältig einzurichten.

STANDORT

Hell

Sonne ja, aber nicht direkt. Halbschatten ist auch okay.

GIESSEN

Häufig

Lasst die Erde trocknen, bevor ihr wieder Wasser nachgießt. Als tropische Pflanze ist sie im siebten Himmel, wenn sie regelmäßig besprüht wird oder sie, noch besser, ein Plätzchen im Bad bekommt.

PFLEGE

Gewusst, wie

Wenn ihr ihre Blätter ab und zu nass abwischt, tut ihr das sehr gut. Alle 2 Jahre sollte sie umgetopft werden.

ACHTUNG

Nicht zum Verzehr geeignet!

Ihr Saft kann giftig sein. Daher sicherheitshalber außerhalb der Reichweite von Kindern aufstellen.

Die Monstera

Bescheidenheit ist nicht ihre Sache. Wie ihr Name es andeutet, kann die Monstera sich gut durchsetzen, vor allem in ihrem natürlichen Habitat, wo sie sich in eine Liane verwandelt und an Baumstämmen emporklettert. Das Fensterblatt ist eine clevere Gefährtin: In ihren oberen Blättern befinden sich Schlitze, damit das Licht bis zu den unteren Blättern durchdringen kann. Die imposante und dekorative Pflanze gibt es in verschiedenen Arten, eine schöner als die andere. Etwa die berühmte Monstera variegata mit ihren zweifarbigen Blättern (Weiß und Grün). Es ist nicht wirklich verwunderlich, dass diese fotogene Pflanze unter dem Hashtag #monsteramonday einen neuen Hype auf Instagram ausgelöst hat.

STANDORT

Hell

Sie bevorzugt einen hellen oder leicht schattigen Standort, aber keine direkte Sonneneinstrahlung.

GIESSEN

Mäßig

1-mal die Woche im Frühling und Sommer, im Winter seltener. Die Erde trocknen lassen, bevor wieder gewässert wird. Wenn die Raumluft zu trocken ist, solltet ihr die Blätter und Luftwurzeln mit entkalktem Wasser besprühen.

PFLEGE

Gewusst, wie

Die Luftwurzeln solltet ihr nicht abschneiden, im Frühling könnt ihr die Pflanze aber etwas zurückschneiden, indem ihr zu lange Triebe einkürzt, am besten knapp oberhalb einer Blattachsel. Das fördert das Wachstum neuer Blätter, die noch keine Schlitze haben. Wenn sich keine Blätter bilden, fehlt es der Pflanze an Licht oder Wasser.

ACHTUNG

Nicht zum Verzehr geeignet!

Der Saft der Monstera kann bei Kontakt zu Hautreizungen führen; Blüten, Blätter und Wurzeln sind beim Verzehr giftig.

Die Fittonia

Diese südamerikanische Pflanze, die auch Mosaikpflanze oder Silbernetzblatt genannt wird, ist zurückhaltend und sehr elegant zugleich. Ihre Blätter weisen ein akkurates Muster auf, das die größten Modedesigner eifersüchtig machen könnte. Nur der schönste Platz in eurer Wohnung wird ihr gerecht, ihr könnt sie aber auch in euer Terrarium setzen, denn dort freut sie sich über eine konstante und optimale Menge an Feuchtigkeit.

STANDORT

Hell

Sie mag zwar Sonne, aber keine direkte Sonneneinstrahlung.

GIESSEN

Mäßig

Die Fittonia hat oft Durst. Im Sommer gießt ihr sie am besten mehrmals die Woche. Wenn ihr es vergesst, zeigt sie euch rasch, dass sie unzufrieden ist: Lässt sie ihre Blätter hängen, ist es höchste Zeit, sie zu wässern. Aber keine Sorge, in ein paar Stunden hat sie sich wie durch Zauberhand wieder aufgerichtet.

PFLEGE

Gewusst, wie

Da ihre Wurzeln sich nicht besonders ausbreiten, muss die Fittonia nicht oft umgetopft werden, 1-mal alle 3 Jahre reicht.

PLUSPUNKT

Ableger

Ihr werdet um die hübsche Pflanze beneidet? Dann nichts wie ran ans Vermehren! Einfach einen Stängel in die Erde stecken, und innerhalb weniger Wochen bilden sich Wurzeln.

Die Dieffenbachie

Sie gehört zur Familie der Aronstabgewächse (Araceae), ist mit der Monstera verwandt und beschwört die Tropen herauf. Sie stammt aus dem Amazonasbecken und hat große, mit weißen Mustern gezeichnete Blätter. Für alle Geschichtsinteressierten: Ihr Name stammt vom Chefgärtner des Schlosses Schönbrunn in Wien, Joseph Dieffenbach.

STANDORT

Hell

Eure Dieffenbachie braucht eine helle Umgebung, aber ohne direkte Sonneneinstrahlung. Sie sollte nicht in der Zugluft stehen und auch nicht in der Nähe von Wärmequellen wie Heizkörpern, Kaminöfen etc.

GIESSEN

Häufig

Gießt und besprüht eure Pflanze häufig und achtet gleichzeitig darauf, dass keine Staunässe entsteht. Im Sommer sollte die Erde immer ein bisschen feucht sein, im Winter sollte sie zwischen den Gießeinheiten leicht trocknen.

PFLEGE

Gewusst, wie

Ihr solltet ihre Blätter regelmäßig mit einem feuchten Tuch abwischen. Im Frühling und im Sommer könnt ihr sie 1- bis 2-mal im Monat düngen (Grünpflanzendünger), das begünstigt das Wachstum. Je nachdem, wie schnell die Pflanze wächst, topft ihr sie jährlich oder alle 2 Jahre in ein etwas größeres Gefäß um. Um den Wasserabfluss zu erleichtern, solltet ihr als unterste Schicht Blähton in den Topf geben.

ACHTUNG

Nicht zum Verzehr geeignet!

Die Dieffenbachie mag es nicht, gestört zu werden. Haltet sie fern von neugierigen Babyhänden und gefräßigen Tieren und zieht Handschuhe an, wenn ihr an ihr herumwerkelt.

FARBCODE

Grün soll es sein!

Sind ihre Blätter sehr weißlich, braucht sie mehr Sonne. Werden sie an den Rändern braun, ist ihr zu warm und die Raumluft ist zu trocken. Werden die Blätter gelb: Vorsicht mit der Zugluft und zu häufigem Gießen.

Die richtige Wahl

Wie bei den Partnerbörsen sollte man nicht vorschnell urteilen und sich nicht vom ersten Eindruck blenden lassen. Theoretisch ist ja alles möglich, aber seid ihr wirklich sicher, dass sich die gewählte Pflanze im Alltag als ideale Gefährtin bewährt?

Ihr lebt auf der Überholspur, seid selten zu Hause, jettet von einem Meeting zum nächsten Wochenendtrip?

Wählt am besten eine Pflanze aus, die allein klarkommt und nicht pflegeintensiv ist, einen Kaktus oder eine Sukkulente.

Ihr seid Nachteulen, schlaft tagsüber und tanzt die ganze Nacht?

Stellt keine Pflanze in euer Schlafzimmer, wenn ihr nie die Rollos hochzieht!

Eure Wohnung oder euer Zimmer ist winzig?

Dann sollte es eine Pflanze sein, die wenig Platz einnimmt, am besten eine, die auf einem Bücherregal stehen oder aufgehängt werden kann.

Eure Wohnung ist ziemlich dunkel …

Sinnvoll ist eine Pflanze, die nicht sehr viel Licht braucht. Stellt sie ans Fenster, aber Vorsicht mit dem direkten Sonnenlicht!

Ihr liebt es, euch zu kümmern, seid sehr aufmerksam und habt auch viel Wasser zu geben.

Meidet Sukkulenten und Kakteen, da die Gefahr besteht, sie zu ertränken. Setzt eher auf tropische Pflanzen, die gerne viel Wasser trinken (Areca-Palme, Calathea, Fittonia).

Geeignet für eine dunkle Wohnung

- verschiedene Calathea-Arten
- verschiedene Ficus-Arten
- Zamioculcas (Glücksfeder)
- Sansevieria

Für Großfamilien

Pflanzen, Tiere und Kinder können sehr gut miteinander auskommen! Achtet nur darauf, dass sich die sogenannten giftigen Pflanzen außerhalb der Reichweite von Kindern und Tieren befinden.

Giftig?

In ihrer natürlichen Umgebung müssen Pflanzen sich wehren und die giftigen Substanzen, die sie absondern, schützen sie vor Fressfeinden. Es kann also gut sein, dass die Pflanzen bei euch zu Hause giftig sind. Vermeidet auch, Kakteen in Reichweite von Kindern zu stellen, denn wer sie streichelt, spürt das schmerzhaft.

Nicht geeignet

Die Substanzen, die die Pflanzen zur Abwehr absondern, sind vor allem dann schädlich, wenn man etwas davon verschluckt. Daher zielt der Warnhinweis vor allem auf Kleinkinder und Tiere. Die sollten nicht in Kontakt kommen mit Ficus, Dieffenbachie und Zamioculcas. Für alle anderen reicht es, sich die Hände zu waschen, nachdem man die Pflanzen angefasst hat.

Kinder- und tierfreundliche Pflanzen

- Kentia-Palme
- Calathea (Korbmarante)
- Pilea peperomioides (Ufo-pflanze)
- Chamaedorea (Bergpalme)
- Fittonia (Silbernetzblatt, Mosaikpflanze)
- Maranta (Pfeilwurz)
- Pachira (Glückskastanie)

Ein König an Weihnachten

Normalerweise begleitet er uns nur zu den Festtagen und niemand schafft es besser als er, eine weihnachtliche Stimmung zu verbreiten … und Nadeln. Um dieses Problem weitestgehend zu vermeiden, sollte ihr euch gut um ihn kümmern.

Damit er nicht austrocknet, stellt ihr ihn am besten nicht in die Nähe einer Wärmequelle oder vor ein Fenster, durch das zu viel starkes Sonnenlicht fällt. Zugluft ist ebenfalls schädlich, daher sollte der Weihnachtsbaum nicht an Türen oder in Durchgangsbereichen stehen.

Um ihn möglichst lange frisch zu erhalten, besprüht ihr seine Äste mit Wasser (Zimmertemperatur) und stellt unter ihm einen Wasserbehälter auf.

Damit die Äste nicht durchhängen, wählt nicht allzu schweren Weihnachtsschmuck, sondern lieber leichte Kugeln und Girlanden.

Mit oder ohne Wurzeln?

- Wurzellose Weihnachtsbäume könnt ihr, nachdem sie ihren Dienst getan haben, an Sammelstellen abgeben. Sie erhalten dann als Mulch auf Pflanzenbeeten ein zweites Leben.
- Eingetopfte Bäume könnt ihr im Garten auspflanzen.

Die *Extrovertierten*

Ihr glaubt, ihr würdet die Gestaltung in den Räumen bestimmen? Hier kommen die Pflanzen, die tatsächlich den Ton angeben. Groß und schön reklamieren sie laut und deutlich Bewunderung für ihr Erscheinungsbild. Diven? Ja, vielleicht, aber genau dafür lieben wir sie.

LA BELLE EQUIPE
VENDREDI 27 MAI

Der Ficus lyrata

Eine Pflanze ist immer schön, aber ein Baum, ein echter Baum, das ist wirklich etwas ganz Besonderes! Tusch für den Ficus lyrata, auch Geigenfeige genannt. Wenn ihr euch für diese Art entscheidet, habt ihr eine Pflanze, die schön in die Höhe wächst. Ihr solltet aber nicht damit rechnen, Feigen zu ernten, denn diese afrikanische Pflanze wird nur durch eine bestimmte Wespenart bestäubt, die nie den Weg in euer Wohnzimmer finden wird. Ihre ästhetische Wirkung entfaltet sie eindrucksvoll, wenn der Standort gut gewählt ist, denn der Ficus mag es gar nicht, bewegt zu werden.

STANDORT

Hell

Damit sich euer Ficus gut entfalten kann, braucht er ein helles Plätzchen, an dem er vor direkter Sonneneinstrahlung und Zugluft geschützt ist. Leichten Schatten mag er auch. Ist der Platz gefunden, solltet ihr ihn nicht mehr umstellen, denn der Ficus braucht Zeit, um sich an seine Umgebung zu gewöhnen.

GIESSEN

Mäßig

Gießt euren Ficus nicht zu stark, im Sommer 1-mal die Woche, im Winter seltener. Achtet darauf, dass keine Staunässe im Wurzelbereich entsteht. Besprüht regelmäßig seine Blätter.

PFLEGE

Gewusst, wie

Damit euer Ficus seinen Glanz behält, solltet ihr die Blätter immer wieder mit einem feuchten Tuch abwischen. Ihr könnt ihn im Frühling und Sommer 1- bis 2-mal mit Grünpflanzendünger düngen. Je nach Größe steht alle 2 bis 3 Jahre das Umtopfen an.

ACHTUNG

Nicht zum Verzehr geeignet!

Der Saft der Geigenfeige kann zu Hautreizungen führen, Teile der Pflanze sind giftig, wenn man sie schluckt. Das sollten alle wissen, die mit eurer Pflanze zu tun haben. Passt auch auf eure Haustiere auf.

SCHON GEWUSST?

Dunkle Seite

In seinem natürlichen Habitat ist der Ficus lyrata sehr dominant. Er kann bis zu 12 m hoch wachsen und erstickt die Bäume, an die er sich lehnt. Aber keine Sorge, bei euch zu Hause gibt es dieses Problem nicht, denn da wird er höchstens 3 m hoch, sofern ihr überhaupt über eine solche Raumhöhe verfügt.

Die Areca-Palme

Ihr sucht nach einer imposanten, aber doch filigranen Pflanze? Wild und dennoch elegant? Deren Blätter mit den Sonnenstrahlen spielen? Da haben wir etwas für euch! Die Areca- oder Goldfruchtpalme, diese Naturschönheit, die den Urwald mitten in die Großstadt bringt. Die manchmal auch Schmetterlingspalme genannte Pflanze hat wirklich alles, was es braucht, um zu gefallen.

STANDORT

Hell

Licht, viel Licht! Das ist es, was eure Areca braucht. Schatten mag sie überhaupt nicht. Seid aber vorsichtig und setzt sie keinem direkten Sonnenlicht aus und auch nicht der Hitze eines Heizkörpers.

GIESSEN

Häufig

Im Frühling und Sommer gießt ihr die Areca am besten 1- bis 2-mal die Woche. In der restlichen Zeit des Jahres reduziert ihr das Gießen. Die Erde immer leicht antrocknen lassen, bevor ihr wieder wässert. In ihrem Untersetzer sollte sich keine Staunässe bilden. Besprüht die Blätter regelmäßig mit entkalktem Wasser, um eine optimale Luftfeuchtigkeit zu gewährleisten.

PFLEGE

Gewusst, wie

Im Frühling und Sommer könnt ihr sie 1- bis 2-mal im Monat düngen (Grünpflanzendünger). Topft sie alle 2 bis 3 Jahre in einen etwas größeren Topf um. Wenn sie bereits sehr groß ist, fügt ihr nur 1- oder 2-mal im Jahr ein bisschen frische Erde hinzu.

WIRKUNG

Luftreinigend

Der NASA zufolge kann die Areca-Palme die Luft reinigen, vorausgesetzt, ihr habt mehrere Exemplare in eurem Wohnzimmer stehen!

ACHTUNG

Nicht zum Verzehr geeignet!

Eine weitere Pflanze, die ungenießbar ist. Trefft also Vorsichtsmaßnahmen, wenn »Pflanzenfresser« bei euch wohnen.

FRANCE
GÉOLOGIE
MER DU NORD
MANCHE
Ciment
Bassin du Nord
ARDENNE
Ardoise
Bassin de la Sarre
Argile
Craie
Pierre de taille
BASSIN
PARISIEN
Meulière
Grès
Argile
Ciment
Salines
VOSGES
Potasse
Granite
MASSIF
ARMORICAIN
Ardoise
Craie
Chaux
Pierre de taille
MORVAN
Plâtre
Salines
JURA
Pierre de taille
OCÉAN
ATLANTIQUE
Kaolin
Eaux minérales
Basalte
Ciment
Eaux minérales
Craie
Granite
MASSIF
CENTRAL
BASSIN
AQUITAIN
CAUSSES
SILLON RHODANIEN
ALPES
Porphyre
Salines
Soufre
Lannemezan
Marbre
Lignite
Bauxite
Ciment
PYRÉNÉES
Marbre
MER
MÉDITERRANÉE
Marbre
CORSE

Die Pachira

Die üppige Pachira, auch Glückskastanie oder Wilder Kakaobaum, stammt aus fernen, sonnigen Gefilden und ist für Pflanzeneinsteiger besonders gut geeignet. Mit ihrem geflochtenen Stamm und ihren Blättern, die sich erstaunlich schnell bilden und sternförmig auseinanderfalten, weiß die pflegeleichte Pflanze Eindruck zu schinden und stellt so alle, die sich um sie kümmern, problemlos zufrieden. Auch bei manchen Vierbeinern ist sie beliebt, vor allem beim Pekari (Nabelschwein) - in ihrem natürlichen Habitat in Guyana frisst es ihre Früchte.

STANDORT

Hell

Der perfekte Standort ist hell, ohne direkt den Sonnenstrahlen ausgesetzt zu sein, und weit entfernt von Wärmequellen (Heizung, Kaminofen etc.).

GIESSEN

Mäßig

Im Sommer etwa 1-mal die Woche gießen, damit die Erde leicht feucht bleibt. Im Winter muss die Erde trocknen, bevor erneut gewässert wird, daher seltener gießen. Vorsicht mit Staunässe. Als kleine Pflegeeinheit solltet ihr hin und wieder die Blätter besprühen.

PFLEGE

Gewusst, wie

Um das Wachstum anzuregen, könnt ihr sie alle 2 Jahre in einen etwas größeren Topf umsetzen. Wenn die Pflanze im Frühling etwas beschnitten wird, fördert das die Ausbildung neuer Blätter.

PLUSPUNKT

Wohlstand

In Südostasien heißt die Pachira Geldbaum, sie soll Glück bringen und im neuen Haushalt für Wohlstand sorgen. Probieren geht über Studieren!

Die Strelitzia

Die riesigen Blätter der Strelitzia sind außergewöhnlich und es wirkt ein bisschen so, als würde der Dschungel bei euch einziehen. In ihrer natürlichen Umgebung entwickelt sie zarte, bunte Blüten, die wie kleine exotische Vögel aussehen, daher auch der Name Paradiesvogelblume. Ihr offizieller Name geht auf Sophie Charlotte von Mecklenburg-Strelitz zurück, die Frau des englischen Königs Georg III.

STANDORT

Hell

Sie bevorzugt einen hellen Standort, verträgt aber auch leichten Schatten. Wichtig ist nur, dass sie nicht an der Heizung oder am Kaminofen steht.

GIESSEN

Mäßig

Im Frühling und Sommer solltet ihr eure Strelitzia 1-mal die Woche gießen, im Herbst und Winter etwas seltener. Denkt daran, die Erde erst leicht trocknen zu lassen, bevor ihr wieder wässert, und achtet darauf, dass sich kein Stauwasser bildet. Besprüht die Blätter regelmäßig mit Wasser.

PFLEGE

Gewusst, wie

Reinigt die Blätter zwischendurch mit einem feuchten Tuch. Wenn sie gelb oder trocken werden, schneidet ihr sie nah am Stamm ab. Von Juni bis September, wenn die Außentemperatur über 20 °C steigt, könnt ihr eure Strelitzia nach draußen stellen. Alle 2 Jahre ist im Frühling das Umpflanzen in einen größeren Topf angesagt.

ACHTUNG

Nicht zum Verzehr geeignet!

Wie andere exotische Pflanzen ist die Strelitzia giftig, wenn man sie verzehrt.

PLUSPUNKT

Symbolik

Die Blüte der Strelitzia steht für Freiheit und Unsterblichkeit, die Pflanze ist daher ein perfektes Geschenk für jemanden, der zu etwas Neuem aufbricht.

Wann und wie umtopfen?

15 MIN. LEICHT

Die Erde, in der eure Pflanze steht, ist nach einiger Zeit ausgelaugt und auch der Topf wird zu klein für eine optimale Entfaltung. Wenn ihr feststellt, dass die Form eurer Pflanze sich ungut verändert oder Wurzeln aus den Löchern am Topfboden herauswachsen, dann ist es Zeit, sie umzutopfen. Am besten ist es, dies im Frühling zu tun.

Was ihr zum Umtopfen braucht

- Blähton
- Erde
- einen neuen Topf
- Gartenschere
- Gießkanne

1. Die Pflanze ein paar Stunden vor dem Umtopfen oder am besten am Vortag gut wässern.

2. Pflanze ganz vorsichtig aus ihrem Topf ziehen.

3. Beschädigte Wurzeln abschneiden und Wurzelballen, wenn nötig, etwas entwirren.

4. Ein Drittel der alten Erde entfernen.

5. Einen Topf mit einem etwas größeren Durchmesser wählen (etwa 2 bis 3 cm größer, nicht mehr).

6. Zuerst den Blähton in den Topf streuen, darauf eine Schicht frische Erde geben und dann die Pflanze einsetzen.

7. Den Topf mit frischer Erde füllen und überprüfen, dass keine Wurzel oben herausschaut.

8. Die Erde etwas festdrücken und gießen.

Ideen für Blumen-töpfe

Flohmarktfreunde, Heimwerker und Kreative jeglicher Couleur, Kämpfer gegen Verschwendung und Fans von Wiederverwertung aufgepasst: Hier kommt eine Disziplin, die euch gefallen wird. Vorbei ist die Zeit der braven Blumentöpfe und normalen Gärtner*innen, jetzt ist Zeit für ungewöhnliche Ideen!

Wiederverwerten

Im Grunde kann jeder Behälter als Topf für eure Pflanzen dienen. Gerade Glasbehälter machen sich sehr gut als Deko. Sie geben den Blick auf die Wurzeln frei und eignen sich gut für kleine Formate. Etwas klassischer, aber genauso schön sind Körbe als Übertöpfe. Sie sind vor allem für sehr große Pflanzen ideal.

Auf der Suche nach Inspiration

Es gibt unendlich viele gute, anregende Ideen. Wenn ihr gerne auf Flohmärkten stöbert, könnt ihr Regenrinnen, Eimer und Gießkannen zweckentfremden. Zink bekommt mit der Zeit eine Patina und ist nicht empfindlich. In Wohnräumen verströmen Zinkgefäße ein rustikales Ambiente, sie eignen sich aber auch bestens für den Außenbereich (ihr müsst nur Löcher am Boden anbringen!).

Die persönliche Note

Wenn ihr Lust habt, Tontöpfe oder Glasbehälter zu beschriften oder zu bemalen, könnt ihr das mit speziellen Markern tun. Mit geometrischen Formen lockert ihr das Erscheinungsbild von Übertöpfen auf und verpasst eurem Interieur gleich einen neuen Akzent.

Vorsichtsmaßnahmen

Wichtig ist, dass sich in den Töpfen keine Staunässe bildet, damit die Wurzeln eures geliebten Schützlings nicht

faulen. Daher empfiehlt es sich, die Pflanztöpfe zu behalten und in den von euch hergestellten Übertopf zu stellen. Ihr habt einen Übertopf aus Papier gebastelt? Denkt daran, die Pflanze zum Gießen herauszunehmen. Ihr wollt lieber einen Korb verwenden? Dann solltet ihr den Pflanztopf im Übertopf auf einen Untersetzer stellen, damit der Korb nicht nass wird, und achtet darauf, überschüssiges Wasser nach dem Gießen zu entfernen.

Unsere Lieblingsübertöpfe

Körbe, Papiertüten, alte Reisetaschen, Konservendosen, Tassen, Gummistiefel, Teekannen, Eierbecher.

Die *Hoch-gewachsenen*

Sie wollen den Himmel erreichen und strecken ihre Blätter zur Decke. Schlank und elegant haben sie den doppelten Vorteil, auf dem Boden wenig Platz einzunehmen und den Bereich bis zur Decke wunderschön mit Leben zu füllen. Sie eignen sich ideal für kleine wie auch für große Räume. Wie kann man da noch zögern?

Der Ficus elastica

Eure bisherigen Beziehungen zu Pflanzen haben ein schlechtes Ende genommen? Ihr habt euch nicht genug gekümmert, wart nie zu Hause, habt ihnen nicht jeden Wunsch von den Augen abgelesen? Dann ist der pflegeleichte und hübsche Gummibaum genau das Richtige für euch, denn er ist ausgesprochen robust. In Südasien werden seine Luftwurzeln dazu verwendet, Brücken zu flechten. Wenn ihr euch nicht so sehr fürs Bauen interessiert, dann könnt ihr aber vielleicht mit dieser Info etwas anfangen: Für die Buddhisten ist der Ficus elastica der Baum der Weisheit.

STANDORT

Hell

Wie seine Kameraden braucht der Gummibaum es hell, mag aber kein direktes Sonnenlicht. Er kommt auch gut mit etwas Schatten zurecht.

GIESSEN

Mäßig

Dem Ficus elastica reicht es, im Sommer 1-mal die Woche und im Winter 3-mal im Monat gegossen zu werden. Wichtig ist nur, dass sich im Wurzelbereich keine Staunässe bildet. Er freut sich, wenn ihr die Blätter ab und zu besprüht.

PFLEGE

Gewusst, wie

Ansonsten müsst ihr so gut wie nichts tun! Umtopfen solltet ihr nur alle 2 bis 3 Jahre. Die großen Blätter könnt ihr mit einem feuchten Tuch abwischen, und im Frühling und Sommer sind 1- oder 2-mal im Monat Düngergaben sinnvoll.

SYMBOLIK

Robustheit

Der Ficus elastica wird manchmal auch Indischer Kautschukbaum genannt, aus seinem Naturkautschuk kann Gummi hergestellt werden. Er symbolisiert Kraft und Wachstum. Ein perfektes Geschenk, um jemandem gute Besserung zu wünschen, oder für jemanden, der keinen grünen Daumen hat!

Die Yucca-Palme

Es gab eine Zeit, da stand sie in jeder Wohnung. Dann ist sie nach und nach verschwunden, gerade erlebt sie wieder ein starkes Comeback. Mit ihrem robusten Stamm und den in die Höhe schießenden Blättern symbolisiert sie den Neuanfang und die Treue, in Japan auch die Männlichkeit. Zweifellos kann die Yucca-Palme sich sehen lassen – ein Grund, warum El Salvador ihre Blüte als Wahrzeichen gewählt hat. Die Einwohner verwenden sie immer noch zur Zubereitung traditioneller Gerichte.

STANDORT

Hell

Auch die Yucca-Palme schätzt eine direkte Sonneneinstrahlung nicht, das ist aber kein Grund, sie im Dunklen stehen zu lassen. Ab ins Licht mit ihr, aber nicht übertreiben!

GIESSEN

Mäßig

Im Frühling und Sommer solltet ihr sie regelmäßig, aber maßvoll gießen. Die Erde sollte trocken sein, bevor ihr erneut gießt. Staunässe unbedingt vermeiden! Im Winter gießt ihr weniger oft.

PFLEGE

Gewusst, wie

Die Blätter immer wieder mit einem feuchten Tuch säubern. Gebt der Pflanze Zeit, sich an ihre Umgebung anzupassen. Wenn sie noch jung ist, könnt ihr sie alle 2 bis 3 Jahre umtopfen. Ist die Pflanze bereits groß, streut ihr nur 1- oder 2-mal im Jahr ein wenig frische Erde rund um den Stamm.

SCHON GEWUSST?

Urbane Legende

In den 1970er- und 1980er-Jahren verbreitete sich in Europa das Gerücht, dass sich im Stamm der Yucca-Palme Vogelspinnen versteckt hielten. Das stimmte zwar absolut nicht, aber es führte dazu, dass der Import der Pflanze im Jahr 1986 um zwei Drittel einbrach.

Die Kentia-Palme

Diese Palme wurde im 18. Jahrhundert von Lord Howe, Offizier der Royal Navy, auf einer Insel östlich der australischen Küste entdeckt, die noch immer seinen Namen trägt. Es ist die perfekte Pflanze, um euren Räumen unabhängig von ihrer Größe eine üppige grüne Note zu verleihen. Denn sie weist ein beachtliches Volumen auf und nimmt nur wenig Fläche am Boden ein – im Grunde also nur Vorteile, wenn ihr euch eine Kentia zulegt.

STANDORT

Hell

Die Kentia mag es hell, schätzt aber kein direktes Sonnenlicht. Sie ist eine der wenigen Palmen, die auch leichten Schatten tolerieren. Aber sie hasst Zugluft.

GIESSEN

Häufig

Im Frühling und im Sommer gießt ihr sie am besten 1- bis 2-mal die Woche. Die Erde sollte an der Oberfläche leicht trocken sein, bevor ihr erneut gießt. Im Winter gießt ihr weniger. Wenn die Luft zu trocken ist, könnt ihr die Blätter besprühen.

PFLEGE

Gewusst, wie

Säubert die Blätter regelmäßig mit einem feuchten Tuch oder duscht die Pflanze ab. Falls nötig, könnt ihr vertrocknete Blätter abschneiden.

WIRKUNG

Luftreinigend

Der NASA zufolge (Studie von 1989) kann die Kentia bestimmte flüchtige organische Stoffe aufnehmen – etwa Xylen, Toluol, Formaldehyd, Trichlorethen und Ammoniak –, die in Farben und Baumaterialien vorkommen.

PLUSPUNKT

Langsam, aber sicher

Ihr fürchtet, die Kentia könnte eure Wohnung überwuchern? Keine Sorge, sie wächst sehr langsam. Ihr habt also Zeit genug, Platz für sie zu schaffen oder umzuziehen.

Urlaubs-pläne?

Die To-do-Liste vor dem Urlaub ist lang. Die genaue Reiseroute muss noch festgelegt und die Koffer müssen gepackt werden, da kann man schon mal vergessen, sich noch um die Pflanzen zu kümmern … und bei der Rückkehr findet man sie dann in einem desolaten Zustand vor. Das ist schade, denn ein paar Maßnahmen reichen völlig aus, damit auch eure Pflanzen schöne Ferien verbringen.

Vor der Abfahrt

- Pflegt eure Pflanzen: Entstaubt die Blätter, schneidet alle, die beschädigt oder abgestorben sind, ab, damit die Pflanze keine unnötige Energie aufwenden muss.
- Stellt alle Pflanzen an einem Ort zusammen, an dem sie Tageslicht, aber keine direkte Sonne abbekommen (und zieht die Vorhänge nicht zu). Stehen die Pflanzen in einer Gruppe beisammen, bleibt die Raumluft frisch und feucht.
- Gießt die Pflanzen so, wie ihr es normalerweise tut.

Während des Urlaubs

- Sorgt dafür, dass der Feuchtigkeitsgehalt in der Raumluft optimal ist, indem ihr ein Behältnis mit Wasser in der Nähe der Pflanzen aufstellt oder Blähton in die Untersetzer gebt und anfeuchtet.
- Wenn sich niemand findet, der in eurer Abwesenheit nach den Pflanzen schaut, könnt ihr Verschiedenes tun. Wasserspeichertöpfe stellen der Pflanze Wasser zur Verfügung, ohne sie zu ertränken. Bewässerungskugeln werden in die

Erde gesteckt und sorgen für eine konstante Wasserzufuhr. Das leistet genauso eine umgedreht in die Erde gesteckte Wasserflasche, in deren Deckel sich ein Loch befindet. Ihr könnt auch den Pflanzentopf durch eine Baumwollschnur (zum Beispiel einen Schnürsenkel) mit einem Wasserbehälter verbinden, sodass Wasser über die Schnur zur Pflanze transportiert wird.

Bei der Rückkehr

Falls eure Pflanzen bei eurer Rückkehr ein verdrießliches Gesicht machen, stellt sie für eine Stunde in eine Wanne mit Wasser. Das Frischebad sollte sie regenerieren.

Schon gewusst?

Es ist nicht zu empfehlen, einer Pflanze mehr Wasser zu geben als normal, damit sie eine Reserve hat. Wenn ihr das tut, riskiert ihr, dass die Wurzeln faulen und die Pflanze eingeht.

Die Unabhängigen

Stolz und stark, wie sie sind, brauchen sie euch kaum. Sie erwarten also fast keine Gegenleistung dafür, dass sie eurem Interieur die Stilnote geben, die ihm fehlte.

Die Sansevieria

Neben der Bezeichnung Bogenhanf trägt sie auch den Spitznamen »Schwiegermutterzunge«, obwohl eine unkompliziertere Pflanze kaum zu finden ist. Einige Arten produzieren einen Saft, den man früher als Antiseptikum verwendet hat. Dabei wurden die Blätter auf die Haut gedrückt wie ein Verband. Die Mayas flochten Hängematten aus ihren Fasern. Abgesehen von diesen nützlichen Eigenschaften wird sie wegen ihres Aussehens und ihres pflegeleichten Charakters geschätzt. Sie fühlt sich in jeder Umgebung wohl.

STANDORT

Hell und schattig

Sie bevorzugt zwar einen hellen Standort, verträgt aber auch leichten Schatten. Problematisch ist nur direktes Sonnenlicht.

GIESSEN

Mäßig

Im Sommer: alle 10 bis 15 Tage mäßig gießen, im Winter 1-mal im Monat. Achtet beim Gießen darauf, die Blätter nicht nass zu machen, und lasst die Erde trocknen, bevor ihr wieder gießt. Um Staunässe zu vermeiden, überschüssiges Wasser entfernen.

PFLEGE

Gewusst, wie

Es ist normal, dass einige Blätter mit der Zeit kaputtgehen oder gelb werden, ihr könnt sie einfach mit einem Messer abschneiden. Topft die Sansevieria nur alle 3 bis 4 Jahre um, wenn ihre Wurzeln überhaupt keinen Platz mehr haben und neben den Blättern an der Oberfläche keine Erde mehr zu erkennen ist.

ACHTUNG

Nicht zum Verzehr geeignet!

Ihr habt es sicher nicht vor, aber ihr solltet diese Pflanze tatsächlich nicht essen, da die von ihr abgesonderten Stoffe giftig sein können und bei Hautkontakt Irritationen hervorrufen.

Die Zamioculcas

Mit ihrem kräftigen Grün verleiht die pflegeleichte Zamioculcas oder Glücksfeder jedem Raum ein wohliges Ambiente. Da sie Wasser und Nährstoffe gut speichern kann, ist sie sehr ausdauernd. Ihr Spitzname lautet Zz-Pflanze, nach dem lateinischen Namen Zamioculcas zamiifolia.

STANDORT

Hell und schattig

Sie schätzt viel Licht ohne direkte Sonneneinstrahlung, verträgt aber auch ein bisschen Schatten – die unkomplizierte Zamioculcas weiß sich ihrer Umgebung anzupassen.

GIESSEN

Mäßig

Ein maßvolles und regelmäßiges Gießen alle 8 bis 10 Tage im Sommer und alle 14 Tage im Winter reicht. Achtet darauf, dass die Erde vor dem erneuten Gießen trocken ist. Zu viel Wasser mag die Glücksfeder nicht, daher überschüssiges Gießwasser immer entfernen.

PFLEGE

Gewusst, wie

Damit ihre Blätter glänzen, solltet ihr sie mit einem Schwamm oder einem feuchten Tuch säubern. Im Sommer freut sich die Pflanze über etwas Dünger (Grünpflanzendünger).

ACHTUNG

Nicht zum Verzehr geeignet!

Keine kulinarischen Experimente, denn die Zamioculcas ist giftig und kann bei Hautkontakt zu Irritationen führen. Daher besonders bei Kleinkindern und Tieren Vorsicht walten lassen.

SYMBOLIK

Kraft und Stärke

Als Unverwüstlichste unter den Unverwüstlichen steht sie für Widerstandskraft, Stärke und Ausgeglichenheit. Über ihre Eigenschaften lässt sich wunderbar meditieren, daher ist sie auch eine ideale Kollegin an eurem Arbeitsplatz.

Die Aloe vera

Diese Sukkulente hat die Jahrhunderte überdauert und sich seit der Antike als wichtige Heilpflanze bewährt. Sie wird sogar im Papyrus Ebers erwähnt, das als das älteste bekannte medizinische Dokument der Welt gilt. In dem ägyptischen Schriftstück aus der Zeit um 1500 v. Chr. wird empfohlen, die Aloe vera bei der Behandlung von Kopfschmerzen, Verbrennungen, Geschwüren oder Hautkrankheiten einzusetzen. Kein Wunder, dass sie bei den alten Ägyptern als Pflanze der Unsterblichkeit bezeichnet wurde.

STANDORT

Sehr hell

Im Schatten geht die Aloe vera ein. Sie liebt die Sonne und die Wärme und kann im Sommer auch draußen stehen.

GIESSEN

Mäßig

Gießt sie regelmäßig, aber nicht zu stark, je nachdem, wie groß sie ist. Lasst die Erde immer erst gut trocknen, bevor ihr erneut wässert. Im Winter gießt ihr sie seltener.

PFLEGE

Gewusst, wie

Das Umtopfen in einen tieferen Topf, aus dem das überschüssige Wasser gut ablaufen kann, ist nur alle 3 bis 5 Jahre nötig.

WIRKUNG

Apotheke im Topf

Das Gel in den Blättern der Pflanze hat viele positive Eigenschaften. Laut der NASA wirkt es luftreinigend, da es Formaldehyd und Benzol aufnehmen kann; bei Verbrennungen wirkt es kühlend und beruhigend. Ihr könnt es an einer kleinen Wunde selbst ausprobieren, etwa bei Sonnenbrand oder einem Insektenstich. Einfach etwas Gel pur auftragen, und ihr werdet sofort Linderung spüren. Achtung allerdings bei dem gelben Saft, der sich in der Blattrinde befindet und Hautirritationen verursachen kann.

Sukkulenten

Sukkulenten oder auch Fettpflanzen haben dicke Blätter, sind sehr pflegeleicht und lockern mit ihrem ausgefallenen Charme alle Innenräume auf. Was wird wohl eure Lieblingspflanze werden? Die prächtige Echeveria taurus mit ihren rötlichen, kreisförmig angelegten Blättern oder die Zebra-Haworthia Big Band mit den grün-weiß gestreiften Blättern? Sukkulenten könnt ihr euch ruhig in größeren Mengen zulegen und sie überall in der Wohnung verteilen, denn ihr müsst euch kaum (oder sehr wenig) um sie kümmern.

STANDORT

Hell

Sukkulenten freuen sich über einen hellen Standort.

GIESSEN

Sehr mäßig

Sie trinken wenig. Achtet auf ihre Bedürfnisse und beobachtet die Erde: Zwischen zwei Gießvorgängen, muss die Erde getrocknet sein. Im Frühling und Sommer gießt ihr sie maximal 2-mal im Monat, im Herbst und Winter nur 1-mal und sehr wenig. Wichtig: Gießt das Wasser nicht auf die Blätter, sondern nur auf die Erde!

PFLEGE

Gewusst, wie

Damit sie sich gut entfalten, könnt ihr Sukkulenten alle 2 bis 3 Jahre im Frühling umtopfen, der neue Topf sollte etwas breiter und tiefer sein.

PLUSPUNKT

Der grüne Daumen

Crassula und Echeveria eignen sich ideal, um das Vermehren auszuprobieren. Es reicht, ein Blatt dieser Pflanzen zu nehmen und es flach auf Erde zu legen. In wenigen Wochen wachsen Wurzeln und es entsteht eine neue Pflanze. Probiert es aus!

Absolute Must-haves

- Crassula (Dickblatt)
- Echeveria
- Sedum (Fetthenne)
- Haworthia
- Senecio (Kreuzkraut, Greiskräuter)

Kakteen und Euphorbien

Welche Pflanze soll etwas Abwechslung in euren Alltag bringen? Eine große Euphorbia ingens (Wolfsmilch), pflegeleicht und mit wenig Dornen, oder eine kleine Opuntia, der es trotz ihres harmlosen Erscheinungsbildes nicht an Charakter mangelt? Die vielen Variationen dieser unkomplizierten Pflanzen (bis zu 250 Arten) sind alle eine Zierde. Ihre Dornen schützen sie und setzen in euren Innenräumen auffällige Akzente.

STANDORT

Sehr hell

Kakteen brauchen Licht. Gönnt ihnen einen schönen Platz an der Sonne.

GIESSEN

Sehr sparsam

Wasser brauchen diese Pflanzen im Sommer nur 1- bis 2-mal im Monat, im Winter noch weniger bis gar nicht. Sie mögen auch keine großen Mengen Wasser, und Staunässe ist ihr größter Feind!

PFLEGE

Gewusst, wie

Je nach Wachstum topft ihr eure Kakteen alle 4 bis 5 Jahre im Frühling um. Im Frühling und Sommer könnt ihr sie 1-mal im Monat düngen (Kakteendünger).

SCHON GEWUSST?

Das sticht!

Dornen sind umgewandelte Blätter. Im Laufe von Jahrtausenden sind aus Blättern Dornen entstanden, um das Überleben der Kakteen zu sichern. In der Wüste schützen sie die Pflanze vor Fressfeinden, vor Sonne wie vor Kälte und sie speichern das wenige Wasser, das die Pflanze benötigt.

Absolute Must-haves

- Opuntia
- Cereus
- Epicactus
- Myrtillocactus

Die *Akrobatinnen*

Sie sind die Töchter der Lüfte! Sie lieben es, in schwindelerregende Höhen zu wachsen, nach Lust und Laune in der Luft zu schaukeln und sich in die Tiefe zu stürzen. Und das alles nur, damit es gut aussieht! Seid ihr bereit für fantasievolle Pflanzen?

Ganz oben

Höhe – das ist alles, was sie brauchen, um sich wohlzufühlen. Wasser und Licht sind ihr Treibstoff, sie schätzen es, sich völlig frei und in wilden Wendungen auf euren alten Hocker zu stützen, an einem Regal emporzuklettern oder an Ampeln und Drähten ihre Trapezkunst auszuleben.

Das Einzige, was sie einschränken kann, seid ihr. Denn seid ihr bereit dazu, den Kletterparcours in eurer Wohnung zu absolvieren, um sie zu gießen?

»Das Einzige, worüber ihr euch Gedanken machen müsst, ist das Gießen.«

Die Hoya

Wenn ihr einen grünen Neuzugang für eure Wohnräume sucht, der nicht zu viel Platz einnimmt, ist die Hoya oder Wachsblume ideal. Sie ist immer hübsch anzusehen, egal, ob sie aufgehängt wird oder auf einem Regal steht. Sie wächst, klettert hinauf, hinunter und rankt sich dorthin, wo ihr sie haben wollt.

STANDORT

Hell

Seid gut zu eurer Hoya und schenkt ihr einen hellen Platz, schützt sie aber zugleich vor direkter Sonne. Vorsicht ist auch geboten bei Zugluft und Wärmequellen in unmittelbarer Nähe.

GIESSEN

Mäßig

Gießt eure Hoya nicht zu stark, aber regelmäßig, und lasst die Erde an der Oberfläche gut trocknen. Sie hasst es, im Wasser zu stehen.

PFLEGE

Gewusst, wie

Um ihr Gutes zu tun, könnt ihr ab und zu ihre Blätter abwischen. Da sie es gern etwas enger im Topf hat, reicht ein Umtopfen alle 2 bis 3 Jahre, und zwar auch nur dann, wenn kleine Wurzeln aus den Löchern im Pflanztopf herausschauen.

PLUSPUNKT

Grüner Wasserfall

Die Hoya eignet sich bestens, um einen »grünen Wasserfall« in euer Zimmer zu zaubern. Der ideale Platz dafür: das höchste Bücherregal oder oben auf dem Schrank.

Die Scindapsus

Die Scindapsus oder Efeutute inszeniert sich gerne verspielt und erwartet von euch, dass sie an Regalen entlanglaufen oder von einem höheren Möbelstück nach unten wachsen darf. Da sie sehr schnell wächst, müsst ihr ein Auge darauf haben, wohin sie sich ausbreitet. Am besten lenkt ihr sie immer wieder in die Bahnen, die euch gefallen.

STANDORT

Hell

Sie liebt die Helligkeit, aber keine direkte Sonneneinstrahlung.

GIESSEN

Häufig

Im Sommer solltet ihr 1- bis 2-mal die Woche gießen, allerdings nur dann, wenn die Erde an der Oberfläche trocken ist. Zu viel Wasser schadet den Wurzeln. Wenn die Luft sehr trocken ist, die Blätter regelmäßig mit entkalktem Wasser besprühen oder Blähton in den Übertopf geben.

PFLEGE

Gewusst, wie

Jungpflanzen sollten 1-mal im Jahr, im Frühling oder Sommer, umgetopft werden. Bei älteren Pflanzen reicht es, 1-mal im Jahr neue Erde auf die Oberfläche zu geben, denn die Scindapsus mag es eng in ihrem Topf. Die Ranken könnt ihr nach Belieben beschneiden, so wird die Pflanze dichter und verästelt sich stärker. Vermeidet es aber, die Luftwurzeln zu verletzen, und reinigt die Blätter regelmäßig mit einem feuchten Tuch oder Schwamm.

PLUSPUNKT

Wohlstand

Die Efeutute soll ihren Besitzern angeblich Glück und Wohlstand bringen. Daher ist sie auch ein wunderbares Geschenk. Und selbst wenn sie nicht für Reichtum sorgen sollte, dann ist sie doch immer noch eine äußerst dekorative Pflanze.

Das Sedum morganianum

Der Name dieser märchenhaften Pflanze leitet sich von der Fee Morgane ab, einer wichtigen Figur aus der Artussage. Die Triebe und Blätter sollen an deren gewelltes Haar erinnern. In seiner Heimat Südamerika lässt das Sedum morganianum, auch Schlangen-Fetthenne genannt, seine grünen Triebe mit den kleinen fleischigen Blättern an schroffen Felsen in die Tiefe wachsen – für die Pflanze ist es daher vollkommen in Ordnung, wenn sie ganz oben auf einem Bücherregal stehen darf.

STANDORT

Hell

Die Schlangen-Fetthenne liebt die direkte Sonne, kommt jedoch auch ohne direktes Sonnenlicht aus, solange sie einen ausreichend hellen Standort erhält.

GIESSEN

Zurückhaltend

Im Sommer gießt ihr die Pflanze am häufigsten: 2-mal im Monat. Aber immer erst, wenn die Erde trocken ist. Und achtet darauf, dass die Wurzeln nicht im Nassen stehen. Im Winter reicht eine gelegentliche Wassergabe.

PFLEGE

Gewusst, wie

Was das Sedum morganianum vor allem schätzt, ist, in Ruhe gelassen zu werden. Es eignet sich daher nicht für häufig genutzte Durchgänge und mag auch keine Zugluft. 1-mal pro Jahr könnt ihr es in einen etwas tieferen Topf umsetzen.

PLUSPUNKT

Vermehrung leicht gemacht

Um zu kompensieren, dass diese Pflanze sehr leicht Blätter verliert, hat die Natur es so eingerichtet, dass sie sich mühelos vermehren kann. Wenn Blätter auf der Erde liegen bleiben, bilden sie sehr schnell Wurzeln.

Tipps
für das Gedeihen von Pflanzen

Eine glückliche und gesunde Pflanze wächst üppig, und eine Pflanze, der es nicht gut geht, wird wahrscheinlich bald eingehen. Auf den nächsten Seiten erfahrt ihr, was ihr in puncto Gießen, Licht und Dünger beachten solltet, aber auch, wie ihr Pflanzen wieder aufpäppeln könnt, wenn sie einmal etwas gelitten haben. Das Wichtigste dabei ist: liebevolle Aufmerksamkeit.

Das Gießen

Ein bisschen Wasser hat sicher noch niemanden umgebracht – doch es ist wichtig, die richtige Dosierung zu kennen und zu wissen, was eure Pflanzen, je nach Standort und Jahreszeit, an Pflege brauchen, um gut zu gedeihen.

Menge und Häufigkeit

Bei jedem Pflanzenporträt findet ihr genaue Angaben dazu, wie die jeweilige Pflanze gegossen werden muss. Manche brauchen viel Wasser, andere nur wenig und einige leiden richtig, wenn es zu viel wird.

Diese drei wichtigen Punkte solltet ihr berücksichtigen:

- die Herkunft der Pflanze,
- ihren Standort bei euch zu Hause und
- die Jahreszeit.

Eine Frage der Herkunft

So schön eure Wohnung auch gestaltet sein mag, sie ist keine natürliche Umgebung – vor allem nicht für eine tropische Pflanze. Jede Pflanze ist zunächst an die Lebensbedingungen ihrer Herkunftsgegend angepasst. Der Kaktus etwa stammt aus einem warmen und trockenen Wüstenklima, braucht daher nur sehr wenig Wasser und hasst zu viel davon. Das solltet ihr berücksichtigen. Die Calathea hingegen fühlt sich, wie die meisten Grünpflanzen, im warmen und feuchten Äquatorialklima wohl und muss also öfter gegossen werden.

Mi casa es tu casa

Bestimmte Gegebenheiten in eurer Wohnung oder einem bestimmten Zimmer können den Wasserbedarf eurer Pflanzen beeinflussen: Die Wärmequellen im Winter (Heizung, Kaminofen etc.), die Klimaanlage im Sommer oder einfach die Zugluft können Pflanzen schaden. Unter diesen Umständen müssen sie mehr trinken, um ihren Feuchtigkeitsbedarf zu decken.

Cocooning

Im Winter geht es den Pflanzen wie euch selbst, sie sind weniger aktiv und wachsen langsamer. Also brauchen sie auch weniger Wasser als im Frühling und Sommer, wenn sie ganz auf Wachstum eingestellt sind.

»Pflanzen mögen es nicht, zu stark gegossen zu werden.«

Wann braucht eine Pflanze Wasser?

- Wenn die Erde an der Oberfläche ganz trocken ist.
- Wenn der Topf sehr leicht ist.
- Wenn sich zwischen Erde und Topfrand ein Spalt bildet.
- Wenn die Blätter welk werden.

Das Licht

Die meisten Pflanzen mögen Helligkeit, aber keine direkte Sonneneinstrahlung. Doch wie beim Wasser können auch hier die Bedürfnisse, je nach Art und Herkunft, variieren.

The place to be

Je näher am Fenster eine Pflanze steht, desto mehr Licht bekommt sie ab. Stellt also die Pflanzen, die Licht brauchen, in die Nähe des Fensters und jene, die es gerne etwas schattiger mögen, weiter weg davon. Wenn ihr im Erdgeschoss wohnt oder in einer Wohnung, die nach Norden zeigt, wählt ihr am besten Pflanzen, die Halbschatten vertragen (siehe S. 47).

Das ideale Casting

Ihr sucht eine hübsche Pflanze, um eine dunkle Zimmerecke etwas aufzufrischen? Schaut bei der Auswahl genau hin! Die Calathea, der Ficus elastica, die Zamioculcas oder die Sansevieria fühlen sich im Schatten am ehesten wohl. Pflanzen, die viel Licht benötigen, sind die Areca-Palme, Kakteen, Aloen, Yucca-Palmen oder die Pachira.

Standort

Eure Pflanze wird euch sehr schnell merken lassen, wenn ihr die Lichtverhältnisse nicht passen: Werden die Blätter heller oder fallen ab, kann das daran liegen, dass sie nicht genug Licht hat. Bekommen die Blätter hingegen zu viel Sonne ab, trocknen sie ein, verfärben sich oder werden an den Spitzen braun.

»Nichts kann das natürliche Licht ersetzen.«

Die Lichtverhältnisse bei euch zu Hause

- **Fenster zur Nordseite:** Ihr habt nur wenig Licht und solltet dem dadurch Rechnung tragen, dass ihr die Wände hell streicht.
- **Fenster zur Südseite:** Ihr bekommt so viel Licht wie möglich ab.
- **Fenster zur Ost-/Westseite:** Ihr habt nicht sehr viel, aber auch nicht zu wenig Licht.

Bedenkt: Ist eure Wohnung sehr dunkel, wird das künstliche Licht das Sonnenlicht nicht ersetzen können.

Die Luft-feuchtigkeit

Die Mehrheit eurer Pflanzen stammt aus den Tropen und braucht mehr Feuchtigkeit, als sie durch regelmäßiges Gießen bekommt. Die Luftfeuchtigkeit ist da ein entscheidender Faktor, der leider oft übersehen wird.

Zu trocken

Wenn ihr nicht gerade im Dschungel lebt, ist es bei euch zu Hause wahrscheinlich viel zu trocken. Das liegt an den Heizkörpern oder Kaminen im Winter und an den Ventilatoren und Klimaanlagen im Sommer. Die Folge: Die Pflanzen leiden.

Ein paar Tricks, die euren Pflanzen helfen

Überlegt zunächst, ob die Pflanzen an der richtigen Stelle stehen: nicht in der Zugluft, nicht zu nah an der Heizung etc. Pflanzen, die besonders viel Feuchtigkeit brauchen, stellt ihr am besten ins Bad (aber nur, wenn es ein Fenster hat).

Ihr könnt sie auch regelmäßig besprühen, etwas Blähton im Untersetzer feucht halten und im Winter ein Gefäß mit Wasser in die Nähe der Heizkörper stellen.

Symptome, die Alarm auslösen sollten

- Die Spitzen oder Ränder der Blätter werden braun.
- Die Pflanze verdorrt.
- Milbenbefall. Er macht sich durch winzige Spinnweben auf der Rückseite der Blätter bemerkbar.

»Pflanzen können unter einer zu trockenen Raumluft leiden.«

Blumenerde und Dünger

Wenn ihr euch krank fühlt, könnt ihr als Gegenmittel euren Speiseplan umstellen, fasten, Vitamine zuführen oder Nahrungsergänzungsmittel nutzen. Aber wisst ihr auch, was ihr für eure Pflanzen tun könnt, wenn es ihnen mal schlecht geht?

Erde

Damit sich eure Pflanze unter besten Bedingungen entfalten kann, muss die Erde gut sein, das heißt, sie muss die nötigen Nährstoffe enthalten und Wasser aufnehmen können (aber nicht zu sehr), damit ausreichend Feuchtigkeit vorhanden ist und die Wurzeln atmen können. Universalerde ist im Grunde für alle Pflanzen geeignet, es gibt jedoch auch spezielle Erde zum Beispiel für Sukkulenten.

Dünger

Nach einiger Zeit hat eure Pflanze alle Nährstoffe, die in der Erde enthalten waren, verbraucht. Deshalb solltet ihr sie nun ein bisschen düngen. Das sollte vor allem im Frühling geschehen und wenn die Pflanze sich gut an ihre neue Umgebung gewöhnt hat. Nach dem Umtopfen ist Düngen erst einmal nicht notwendig.

Verschiedene Dünger

- Flüssigdünger: Er verteilt sich gleichmäßig, wirkt schnell, ihr müsst ihn aber regelmäßig – 1- bis 2-mal im Monat – zugeben.
- Düngergranulat oder -stäbchen: verteilt sich langsamer, hält aber mehrere Monate an. Es reicht, den Dünger in die Erde einzuarbeiten oder hineinzustecken.

»Wählt eine Erde, die zur Pflanze passt.«

Eine gesunde Pflanze

Pflanzen können zwar nicht sprechen, sie kommunizieren aber auf ihre eigene Art und geben uns Hinweise auf ihren Gesundheitszustand. Im Folgenden erfahrt ihr mehr über die Bedeutung der »Pflanzensprache«.

Gute Produzenten finden

Um sicherzugehen, dass eure Pflanzen von verantwortungsbewussten Produzenten herangezogen wurden, sollte ihr auf entsprechende Label achten, etwa Fair Flowers Fair Plants (FFP) oder Ethical Trading Initiative (ETI).

PS: Bergamotte arbeitet nur mit solchen Produzenten zusammen!

Winzige rote Spinnen und Spinnennetze auf der Blattrückseite

Diese Milben tauchen auf, wenn die Luft zu trocken ist. Sorgt für mehr Luftfeuchtigkeit, indem ihr die Blätter regelmäßig besprüht.

Welke Blätter

Die Pflanze bekommt entweder zu wenig oder zu viel Wasser. Ändert euer Gießverhalten.

Blätter haben braune Punkte

Stellt die Pflanze etwas weiter weg vom Fenster, sie mag wahrscheinlich das starke Sonnenlicht nicht.

Gelbe Blätter

Ihr habt höchstwahrscheinlich zu viel gegossen. Verringert die Wasserzufuhr und vermeidet Staunässe.

Blätter werden braun

Die Luft ist vielleicht zu trocken, besprüht daher die Blätter ab und zu mit Wasser. Oder aber die Pflanze hat zu wenig oder zu viel Wasser bekommen. Lest noch einmal im Buch nach, wie der Wasserbedarf der Pflanze ist.

Weiße Klümpchen auf der Rückseite der Blätter

Das sind wahrscheinlich Schildläuse, die ihr mit einem Schwamm und Seifenwasser oder mit 90-prozentigem Alkohol abwischen könnt.

Blätter fallen ab

Lichtmangel, Wassermangel oder Kälteschock: Überprüft, was der Grund sein könnte, stellt eure Pflanze an einen anderen Ort oder ändert euer Gießverhalten.

Die *Einzelgänger*

Diese Pflanzen brauchen euch kaum.
Aber sie wollen dafür bewundert werden,
wie schön sie in ihrem eigenen Ökosystem
gedeihen, einem wunderbar
friedlichen Paradies.

Ein Öko-system im Glas

Ein Flaschengarten ist ein perfektes Stückchen Natur, eine Art Mini-Ökosystem. Ein Blick darauf genügt, um eure Gedanken in andere Gefilde zu entführen.

Ihr könnt entweder einen fertigen Flaschengarten kaufen oder euch selbst einen zusammenstellen. Das Mini-Ökosystem reguliert den Sauerstoff- und Wasserhaushalt selbst und erfordert auch sonst sehr wenig Pflege. Tagsüber nutzen die Pflanzen Sonnenlicht und Kohlendioxid, nachts verbrauchen sie Sauerstoff und geben Kohlendioxid ab. Das einmal eingefüllte Wasser verdunstet und schlägt sich an den Innenwänden des Glases nieder. Über ihre Wurzeln nehmen die Pflanzen die herunterlaufenden Wassertropfen wieder auf.

Was ihr tun müsst:

- 1- bis 2-mal pro Jahr ein wenig gießen
- falls der Standort nicht gleichmäßig hell ist (keine direkte Sonneneinstrahlung!), den Glasbehälter ab und zu etwas drehen

TERRARIUM IQUITOS
Chlorophytum (Grünlilie), Chamaedorea (Bergpalme), Hypoestes (Punktblume), Adiantum (Frauenhaarfarn)

- bei zu viel Kondenswasser das Glas für ein paar Stunden öffnen
- bei Kakteen im Flaschengarten das Gefäß regelmäßig öffnen, um Kondenswasserbildung zu vermeiden und die nötige Trockenheit zu gewährleisten.

Das war's schon!

TERRARIUM HOKKAIDO
Ficus Ginseng, Hypoestes (Punktblume), Peperomia (Zwergpfeffer), Schefflera (Strahlenaralie)

Einen Flaschengarten anlegen

30 MIN. FORTGESCHRITTENE

Ihr würdet gern öfter mal verreisen, aber ohne euch dabei zu bewegen? Dann ist das die ideale Kombination von Exotik und Komfort! In einem Flaschengarten kann es alles geben: von üppiger Vegetation bis zu Sanddünen und Wüste. Gestaltet euer Gefäß, wie es euch gefällt.

Was ihr benötigt

- ein Glasgefäß
- Kies
- Erde
- Sand
- ein Stück Geotextilgewebe
- Schere
- Esslöffel
- Teelöffel
- Gartenhandschuhe
- 4 Pflanzen
- Treibholzstücke
- Puzzolane

1. Schüttet ein wenig Kies auf den Boden des Gefäßes (3 bis 4 cm dicke Drainageschicht).

2. Darauf legt ihr ein Stück passend zugeschnittenes Geotextilgewebe (etwas kleiner als der Glasdurchmesser).

3. Gebt nun die Blumenerde darauf und formt dabei einen Hügel. Mit dem Esslöffel bildet ihr Löcher für die Pflanzen.

4. Nachdem ihr Handschuhe angezogen habt, setzt ihr den größten Kaktus auf die höchste Stelle.

5. Ordnet die kleineren Pflanzen um ihn herum an.

6. Verteilt mit dem Teelöffel den Rest der Erde um die Pflanzen herum und drückt sie fest.

7. Streut nun den Sand auf die Erde (1 bis 2 cm dick) und legt die Deko-Elemente darauf.

8. Gießt jede Pflanze ein wenig (am Fuß) und lasst den Glasbehälter 48 Stunden offen stehen, dann könnt ihr ihn schließen.

TERRARIUM SHERWOOD
Gemeiner Efeu, Peperomia rotundifolia (Zwergpfeffer), Farn

Von nah und fern

Je nachdem, wie groß das Glas ist, und abhängig von Pflanzenauswahl und Ökosystem, könnt ihr Landschaften aus Asien, Afrika oder Ozeanien nachbilden. So können eure Gedanken in die Ferne schweifen, ohne dass ihr das Wohnzimmer verlasst.

TERRARIUM ALICE SPRINGS
Crassula Hobbit (Löffelbaum), Echeveria, Pachyphytum

Eine Reise in Trockengebiete

Kakteen und Sukkulenten eignen sich wunderbar für einen Flaschengarten. Nehmt spezielle Kakteenerde und mischt Puzzolane und Sand dazu. Ein kleines Stück Treibholz verleiht eurer Kreation den richtigen Wüsten-Touch.

Mitten im Sherwood Forest

Ihr sehnt euch nach einem Waldspaziergang mitten im Trubel des Stadtlebens? Pflanzt Moose, Farne und Efeu in gut belüftete Erde und schaut euch diesen »Wald« jedes Mal an, wenn ihr Energie tanken wollt.

02 Blumen und ihre Geheimnisse

Blumen und Jahreszeiten

Wie wäre es, sich einmal Zeit zu nehmen, alle Monate nacheinander in ihrer Besonderheit auszukosten? Und die Jahreszeiten und die duftenden Geschenke, die sie uns bringen, richtig zu genießen?

Die Natur hat es nie eilig, sie würdigt jede Zeit. Im Winter schenkt sie uns Blumen, die unsere Träume erwärmen und mit ihren seidenen Blütenblättern und ihren Farben bereits den Frühling ankündigen. Den Sommer erfüllt sie mit süßen Düften und im Herbst legt sie einen goldenen Zauber über die Landschaft.

Um diese Natur, die uns so wichtig ist, zu schützen, passen wir von Bergamotte uns ihrem Rhythmus an. Von Anemonen im Dezember über Hortensien im schönen Monat Juni bis zu Dahlien im September werdet ihr auf den folgenden Seiten passend zur jeweiligen Jahreszeit unsere Lieblingsblumen finden.

Der Blumen-kalender

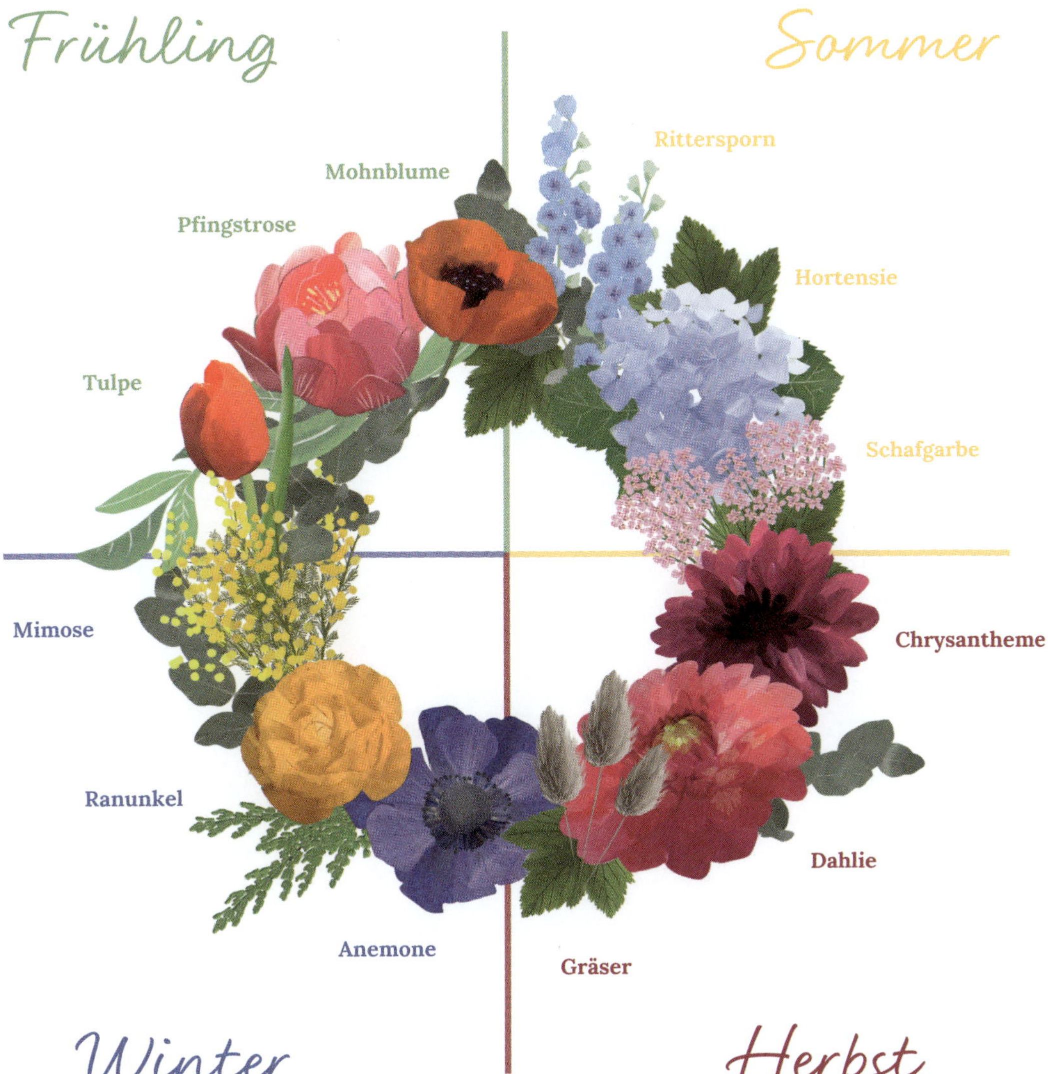

Einen Strauß zusammenstellen

20 MIN. MITTELSCHWER

Wer meint, es sei ganz einfach, einen schönen Strauß zu binden, der wird schnell eines Besseren belehrt. Um ein wirklich stimmiges, gut haltbares Bouquet zusammenzustellen, braucht es ein paar Kenntnisse und geübte Handgriffe. Um das zu lernen, könnt ihr ganz einfach der Anleitung folgen.

Was ihr benötigt

- Gartenschere
- Tesafilm, Schnur oder Bast
- ein buntes Band
- Blumen eurer Wahl (für den Strauß unten: Pfingstrosen, Japanrosen, Strandflieder, Schafgarbe, Eukalyptus)

1. Legt eure Blumen sortiert vor euch auf den Tisch.

2. Zupft im unteren Drittel der Stiele die Blätter ab und gegebenenfalls auch die Kelchblätter.

3. Wählt eure Lieblingsblume als Mittelpunkt (dominante Blume) und legt einen grünen Zweig leicht schräg auf den unteren Teil ihres Stängels.

4. Fahrt so fort, indem ihr Blumen und die grünen Zweige abwechselnd übereinander kreuzt (immer in die gleiche Richtung).

5. Dreht den Strauß bei jeder hinzugefügten Blume jeweils um eine Vierteldrehung. Der Strauß muss sich wie auf dem Bild schön aufbauen.

6. Wiederholt den Vorgang so oft wie nötig und setzt die letzten dominanten Blumen nach außen.

7. Wenn ihr mit eurem Strauß zufrieden seid, fixiert ihr ihn mit Tesafilm, Schnur oder Bast.

8. Zum Schluss bindet ihr noch ein hübsches Band darum – fertig!

Der Frühlings-strauß

Ob in den Beeten und Vasen der Städte oder in ländlichen Gärten, bunte Tulpen und prächtige Pfingstrosen sind die Königinnen des Frühlings. Sie erfreuen uns im Garten, auf Märkten und natürlich auch in wunderschönen Sträußen.

Die Zeit der Pfingstrosen

Die Sonne beginnt langsam, unsere Körper zu wärmen, die Tage werden länger und wir wagen uns nach draußen, auf die Terrassen der Cafés und zu den Märkten mit ihren frischen Produkten. Von den Blumenständen zwinkern uns die Pfingstrosen in leuchtenden oder Pastellfarben zu. Sie sind es, die uns jedes Jahr ungeduldig auf den Frühling warten lassen.

Diese Blume kann sehr gut allein in der Vase stehen, wenn ihr sie jedoch mit anderen kombiniert, unterstreicht ihr ihre Schönheit noch. Schafgarbe, Strandflieder, Kamille, Wachsblume oder Japanrose verleihen eurem Strauß mehr Volumen und einen wunderbaren Landhauscharakter. Der perfekte Seelentröster im letzten Wintergrau und ein erster Hauch von Urlaubsfeeling in eurem Wohnzimmer!

Unsere Favoriten im Frühling

- Pfingstrose
- Tulpe
- Flieder
- Wicke
- Glockenblume
- Narzisse
- Mohnblume

»Ist die Pfingstrose denn weniger erhaben, nur weil sie welken wird?«

Amélie Nothomb

Die Pfingstrose

Die Pfingstrose erwacht aus dem Winterschlaf und entfaltet ihre opulente Blütenpracht in zahlreichen Farbtönen. Tag für Tag öffnet sie ihre Blüte immer weiter - sie kann ihr Volumen verdreifachen und, je nach Sorte, sogar ihre Farbe sukzessive verändern.

SAISON

Von Ende April bis Anfang Juni

Wie so viele gute Dinge kann man auch die Pfingstrose nicht unbegrenzt bewundern. Ihre Blütezeit dauert nur wenige Wochen.

PFLEGE

Schön kühl

Die Pfingstrose ist ebenso schön wie vergänglich. Stellt sie an einen möglichst kühlen Ort, dann bleibt sie frisch und ihr könnt ihre Blüten etwa 5 Tage lang bewundern.

PRÄSENTATION

Große Vase

Wählt eine Vase, die groß genug ist für diese hübschen Rundungen und ausreichend Wasser.

DIESE SORTEN SIND EIN MUSS

- »Coral Charm«
- »Duchesse de Nemours«
- »Sarah Bernhardt«
- »Red Charm«

KLEINE GEHEIMNISSE

Farbwechsel

Die »Coral Charm« bringt einen zum Staunen: Wenn sie sich öffnet, verfärbt sie sich allmählich von korallenrot zu blassgelb.

In eurem Garten solltet ihr sie daher am besten morgens pflücken, wenn die Knospe noch geschlossen ist.

FARBPALETTE

Die Tulpe

Auf niederländischen Feldern wächst sie, so weit das Auge reicht, und es gibt sie in über 500 Sorten. Ihre Formen und Farben sind unglaublich vielfältig – von edlen weißen Tulpen für einen eleganten Strauß bis hin zu Fuchsia- oder Orangetönen für ein fröhlich buntes Bouquet. Auswahl habt ihr da genug!

SAISON

Von Dezember bis Ende März

Wie ihre Cousine, die Pfingstrose, blüht die Tulpe nur kurze Zeit. Wenn ihr in dieser Jahreszeit in die Niederlande reist, solltet ihr die Gelegenheit nutzen, die blühenden Tulpenfelder zu bewundern, die einst auch Claude Monet fasziniert haben.

PFLEGE

Kühl und schattig

Stellt Tulpen am besten nicht in die Sonne, damit sie nicht vorzeitig welken. Füllt regelmäßig Wasser in der Vase nach, die Stiele sollten jedoch idealerweise nur etwa 2 cm hoch im Wasser stehen. Bei entsprechender Pflege könnt ihr euch bis zu 10 Tage an den schönen Farben erfreuen.

PRÄSENTATION

Große Vase

Die Vase sollte hoch genug sein, um den Stielen, die weiterwachsen und durch zu viel Wasser weich werden können, einen guten Halt zu geben.

KLEINE GEHEIMNISSE

Orientalisch

Die Tulpe verbinden viele zwar mit den Niederlanden, sie stammt aber aus dem Orient (genauer aus dem Iran, Afghanistan und Kasachstan). In der Türkei diente sie als Schmuck von Sultansturbanen, daher auch ihr Name: Tulipan, »Turban«.

FARBPALETTE

Eukalyptus als Deko-Element

Ein schöner Strauß weist Volumen auf, verschiedene Farben und Formen. Dabei unterstützt euch der Lieblingsbaum der Koalas. Wir empfehlen zwei Eukalyptussorten, die kombiniert werden können: »Cinerea« und »Baby Blue«.

Die Eukalyptusblätter setzen schöne Farbakzente und haben als Begleiter von Pfingstrosen, Tulpen und anderen Frühlingsblumen keine Konkurrenz.

»Für ein zweites Leben: Wenn ihr die getrockneten Blätter in einer Schale auf den Heizkörper stellt, verleihen sie dem Wohnraum einen angenehmen Duft.«

Wie kann man sie auseinanderhalten?

- Den Eukalyptus »Cinerea« erkennt man an den großen Blättern und dem dünnen Stängel.
- Der Eukalyptus »Baby Blue« hat kleine, runde Blätter, die eine allzu strenge Struktur wunderbar auflockern.

Langlebige Sträuße

Jacques Brel sang einst: »Blumen sind vergänglich.« Gewiss, genau darin liegt aber auch der Charme eines Blumenstraußes: in seiner Vergänglichkeit. Dennoch könnt ihr etwas tun, um ihn etwas länger frisch zu halten.

Bevor ihr den Strauß in eine Vase stellt, die seiner Größe angemessen und je nach Bedarf der Blumen mit Wasser gefüllt ist, schneidet ihr die Stiele schräg ab und entfernt die unteren Blätter, die mit Wasser in Berührung kommen könnten. Stellt die Vase nicht in die Sonne oder Hitze.

Wechselt alle 2 bis 3 Tage das Wasser und fügt ein bisschen von dem Frischhaltemittel hinzu, das eurem Bergamotte-Strauß beiliegt. Und die ganz Engagierten reinigen die Vase regelmäßig. Dadurch verhindert ihr, dass Bakterien den Strauß vorzeitig welken lassen.

»Schneidet bei jedem Wasserwechsel die Stielenden mit einer Gartenschere ab!«

Ab ins Wasser!

Wie viel Wasser in die Vase gehört, hängt von der Blumensorte ab. Bei Sträußen, die ausschließlich aus Zwiebelblumen bestehen (etwa Tulpe, Anemone), ist es am besten, nur ein paar Zentimeter Wasser in die Vase zu geben und es regelmäßig zu erneuern. Bei anderen Sorten füllt ihr die Vase zu drei Vierteln mit Wasser.

Der Sommerstrauß

Der warme Wind weht den Duft von frisch geschnittenen Blumen durchs Haus. Menschen bereiten sich auf Festlichkeiten vor – eine Party, eine Hochzeit oder vielleicht ein Picknick? Wie auch immer, es ist die richtige Zeit zum Feiern und Blumen gehören immer dazu.

Die Sonne ruft

Der Sommer ist die Zeit für kleine Verrücktheiten, die uns die Freude am Leben wiederentdecken lassen. Öffnet die Fenster weit und lasst die sommerliche Wärme einziehen, die sich mit dem Duft der Blumen vermischt! Mit der Rose und der Hortensie halten wunderschön blühende und betörend duftende Blumen ihren Einzug.

Um der lähmenden Wärme etwas Frische entgegenzusetzen, entscheiden wir uns für Pastell- und verwaschene Töne, die romantisch und nostalgisch wirken. Einen fröhlichen Akzent setzen wir durch helle und warme Farben wie das Gelb der Schafgarbe. Schließt doch mal die Augen: Könnt ihr den Duft der Rosen und der Blätter der Schwarzen Johannisbeere riechen?

Unsere Favoriten im Sommer

- Hortensie
- Schmucklilie
- Kamille
- Distel
- Kosmea (Schmuckkörbchen)
- Rittersporn
- Schafgarbe
- Sonnenblume
- Zinnie

»Der Rosen Atem süß und linde mischt sich im leichten Sommerwinde mit ihres Haares holdem Duft.«

Paul Verlaine

Die Hortensie

Die Hortensie macht sich prachtvoll in eurem Garten, an der bretonischen Küste oder auf den Azoren ist sie ein Hingucker. Aber auch in der Vase wirkt sie majestätisch. Ihre bunten Kelchblätter verbinden sich zu großen Blütenwolken, die es in vielen verschiedenen Farben gibt.

SAISON

Juli bis Oktober

Von den ersten Abendessen auf der Terrasse bis zu den letzten Hochzeiten der Saison bietet sich die Hortensie für jeden Anlass an.

PFLEGE

Schön kühl

Sobald sie abgeschnitten ist, zieht die Hortensie es vor, vor Sonne und Hitze geschützt zu werden. Je mehr sich der Sommer dem Ende zuneigt, desto größer sind die Chancen, sie trocknen zu können (siehe S. 206).

PRÄSENTATION

Große Vase

Diese riesige Blütenwolke braucht Platz! Und vor allem braucht sie viel Wasser. Achtet daher auf den Wasserstand und füllt regelmäßig nach. Verliert die Hortensie an Frische, könnt ihr den Stiel noch mal anschneiden, das Ende 3 Sekunden in kochendes Wasser tauchen und die Blume dann wieder in zimmerwarmes Wasser stellen.

KLEINE GEHEIMNISSE

Chamäleon

Züchter kennen ein kleines Geheimnis, um Hortensien besonders schöne Farben zu geben. Auf neutralem Boden blühen sie weiß oder rosa, gießt man sie jedoch mit mineralhaltigem Wasser, nehmen sie, je nach Art der Mineralien, schöne Blau- und Lilatöne an.

FARBPALETTE

Die Nelke

Mit den gezackten Blütenblättern ist die Nelke unverkennbar und erinnert ein wenig an Krepp. Sie bereichert mit ihrer breiten Farbpalette jeden Strauß und liefert fröhliche Akzente.

SAISON

Mai bis September

Diese robuste Blume kann auch vor Kälte geschützt in Gewächshäusern angebaut und dann das ganze Jahr über abgeschnitten werden. So verschönert sie auch außerhalb der Saison alle eure Sträuße mit hübschen Farben.

PFLEGE

Schön kühl

Die Nelke ist für ihre Langlebigkeit bekannt: Sie hält sich bis zu 14 Tage (in zimmerwarmem Wasser und fern von Wärmequellen). Das Wasser in der Vase solltet ihr alle 5 Tage wechseln.

Unsere Favoriten

- »Bernard«
- »Lizzy Peach«
- »Lege Pink«
- »Viper Wine«

KLEINE GEHEIMNISSE

Botschaft

Wie die Rose hat auch die Nelke eine starke Symbolkraft. Als Blumenstrauß, aber auch im Knopfloch getragen kann sie viele Bedeutungen haben: Die rote Nelke ist traditionell das Symbol der Leidenschaft; unter anderem diente sie auch als Symbol der Bewegung, die 1974 der Diktatur in Portugal ein Ende setzte.

FARBPALETTE

Sommerliches Grün

Um Hortensien, Rosen und anderen Blumen der Saison den passenden Rahmen zu geben sowie euren Sträußen mehr Volumen zu verleihen, wählt ihr am besten Zweige mit grünen Blättern. Das Gute daran ist, dass ihr im Sommer die Qual der Wahl habt.

- Zweige der Schwarzen Johannisbeere: Ihr Duft und das kräftige Grün ihrer Blätter, die Weinblättern ähneln, verleihen euren Sträußen Energie.
- Die Aromatischen: Rosmarin, Thymian und Oregano würzen nicht nur Salate, sondern geben auch euren Blumenkompositionen einen besonderen sommerlichen Charme. Ihr könnt auch Minze verwenden, sie hält sich in der Vase aber nicht so lange.
- Olivenbaumzweige: Die spitz zulaufenden, silbergrünen Blätter erinnern in jedem Strauß an den letzten Urlaub in der Provence.

Obst und Gemüse der Saison

Johannisbeer- und Maulbeerzweige bringen Farbe und Aroma in eure Sträuße!

»Zögert nicht, auch Kräuter mit in eure Sträuße zu binden.«

Die Rose

Zeitlos, klassisch, ewig. Die Rose ist die Blume schlechthin. Seit Jahrhunderten schon inspiriert sie Dichter und wird immer wieder staunend in Sträußen bewundert. Ob allein in all ihrer voluminösen Pracht oder als Mittelpunkt eines Landhausstraußes gemeinsam mit anderen Blumen, es führt kein Weg an ihr vorbei.

SAISON

Mai bis Oktober

Die Rose kann geschützt vor klimatischen Schwankungen in Gewächshäusern angebaut werden und ist daher das ganze Jahr über in Blumenläden zu finden. Um den ökologischen Aspekt dabei nicht zu vergessen, achten wir darauf, dass unsere Produzenten möglichst grüne Energie verwenden. Ist das nicht möglich, importieren wir Rosen aus Gegenden, in denen sie immer ausreichend Sonne haben. Das ist tatsächlich weniger umweltschädlich, als viel Energie in Gewächshäusern zu verbrauchen.

HALTUNG

Schön kühl

Am besten nehmt ihr Rosen, die noch nicht ganz aufgeblüht sind. Wenn ihr die Stiele schräg abschneidet und sie nicht in der Hitze stehen lasst, könnt ihr euch 2 Wochen lang an ihnen und an ihrem Duft erfreuen.

PRÄSENTATION

Große Vase

Wählt eine Vase, in die viel Wasser passt.

KLEINE GEHEIMNISSE

Einzelgänger

Rosen passen gut zu anderen Blumen, halten sich aber länger, wenn sie allein in der Vase stehen. Wollt ihr also besonders lange etwas von ihnen haben, dann nehmt einen Strauß nur mit Rosen.

FARBPALETTE

Tausende Rosen

Es gibt mehr als 3000 Rosensorten. Bei dieser unglaublichen Diversität reicht ein einziges Buch nicht aus, um jeder Rose den ihr gebührenden Platz einzuräumen. Doch wir wollen hier zumindest die beiden wichtigsten Kategorien erwähnen: die Edelrosen und die Strauchrosen.

Unsere Strauchrosenfavoriten

- »Sweet Juliet«
- »Nude Lace«
- »Prana«
- »Juice Sensation«
- »Snowflake«

Unsere Edelrosenfavoriten

- »White Avalanche«
- »Sweet Avalanche«
- »Pearl Avalanche«
- »All for Love«
- »Pink Floyd«
- »Red Naomi«

Oh, dieser Duft!

Einige Rosen duften mehr als andere. Das sind unsere bevorzugten Duftrosen:

- »Prince Jardinier«
- »Kate« von David Austin
- »Darcey Bussell« von David Austin
- »Yves Piaget«

Der *Herbststrauß*

Nach der Rückkehr aus einem erholsamen Sommerurlaub ist der ideale Moment für einen Neuanfang. Pläne und Veränderungen geben euch noch mehr Energie. Passend zu dieser Gemütslage präsentieren wir euch Sträuße in klaren und fröhlichen Farben.

Indian Summer

Was mögen wir am Herbst? Spaziergänge im Wald, tanzende goldene Blätter, die leise fallen und unsere Schritte abdämpfen; die ersten Abende am heimeligen Holzfeuer. Welch eine Freude festzustellen, dass sich der ganze Charme des Herbstes in einem Strauß einfangen lässt: mit Dahlien, Hortensien und Chrysanthemen. Hier ein paar Tipps für mehr Herbstgenuss.

Unsere Favoriten im Herbst

- Dahlie
- Chrysantheme
- Hagebutte
- Zierlauch
- Schneebeere
- Fuchsschwanz
- Gräser
- Physalis
- Silberblatt
- Herbst-Hortensie

Die Herbst-Hortensie

Im Sommer blüht die Hortensie sehr farbenfroh, nun hüllt sie sich allmählich in Herbstfarben: In Altrosa oder einem verwaschenen Blau, mit kleinen grünen Sprenkeln hie und da passt sie sich an das Licht dieser Jahreszeit an. Ihre Blüten lassen sich jetzt gut trocknen und stehen dann den ganzen Winter über zur Verfügung.

SAISON

Juni bis November

Dank ihrer robusten Stiele und Blütenstände hält sich die Hortensie 2 Wochen in einer Vase und kann anschließend getrocknet werden.

PFLEGE

Schön kühl

Schützt die Hortensie vor direktem Sonnenlicht und stellt die Vase nicht zu nahe an die Heizung.

PRÄSENTATION

Große Vase

Natürlich muss es eine große Vase sein! Füllt ausreichend Wasser hinein und wechselt es regelmäßig. Schneidet den Stiel schräg an und spaltet ihn etwa 3 cm hoch.

KLEINE GEHEIMNISSE

After Party

Nach dem Herbst lebt die Hortensie getrocknet weiter. Dekorativ auf einem Schrank positioniert oder in einer Vase verleiht sie jedem Interieur etwas Retro-Atmosphäre.

FARBPALETTE

Die Dahlie

Eine Kugel aus unzähligen Blütenblättern! Die Dahlie kleidet sich in viele strahlende Farben von Gelb bis Fuchsia. Sie ist das beste Mittel gegen schlechte Laune, denn ihre Leuchtkraft hält den Herbstblues in Schach.

SAISON

Juni bis Oktober

Da sie lange Saison hat, könnt ihr alle Farben und Sorten ausprobieren.

PFLEGE

Schön kühl

Stellt eure Dahlien an einen kühlen Ort. Die schönsten Dinge sind vergänglich, und auch die hübsche Dahlie macht da keine Ausnahme. Wenn ihr euch aber gut um euren Strauß kümmert, habt ihr bis zu 5 Tage Freude an ihm.

PRÄSENTATION

Schöne Vase

Die Dahlie trinkt sehr viel, deshalb ist es wichtig, regelmäßig Wasser nachzufüllen. Bei großer Hitze könnt ihr die Blütenblätter mit demineralisiertem Wasser besprühen.

KLEINE GEHEIMNISSE

Danke!

Dahlien gelten als Symbol der Dankbarkeit, der Freude und Erneuerung.

Unsere Lieblingssorten

- »Café au lait«
- »Amber Queen« (hier abgebildet)
- »Apple Blossom«

FARBPALETTE

Die Chrysantheme

Was für ein Auftritt! Die Chrysantheme hat sehr viele Gesichter. Ursprünglich war sie gelb, heute explodiert sie in einer Vielzahl von leuchtenden Farben. Von einem fast weißen Rosa bis zu Karminrot wird sie euch auch durch die Vielfalt ihrer Formen überraschen – sie erscheint als kompakter »Ball« oder wie eine Blumenkrone. Kaum zu glauben, dass diese lebendige, energiegeladene Blume lange Zeit mit Trauer assoziiert war …

SAISON

September bis zum ersten Frost

Wahrscheinlich wird sie auch deshalb mit dem christlichen Fest Allerheiligen verbunden.

PFLEGE

Schön kühl

Fern von Hitze und Zugluft hält sie sich 2 Wochen lang.

PRÄSENTATION

Eure schönste Vase

Viel Spaß bei der Auswahl der Vase. Bei Chrysanthemen ist alles erlaubt!

KLEINE GEHEIMNISSE

Erhaben

In vielen Ländern ist sie die typische Blume für Allerheiligen-Gestecke. Sie wird auch in Asien geschätzt, in Japan symbolisiert sie etwa die kaiserliche Familie.

Unsere Favoriten

- mit einem Stiel: »Avignon«, »Barca«
- verzweigte Chrysanthemen: »Baltica«, »Royce Lovely«, »Stresa Pink«

FARBPALETTE

Die Geheimnisse des Fotografen

Die Versuchung ist groß, das Vergängliche für die Ewigkeit festzuhalten. Blumen mögen zwar grundsätzlich fotogen sein, aber auch sie haben eine Schokoladenseite. Wenn ihr euren schönen Strauß erfolgreich fotografisch festhalten wollt, solltet ihr folgende Tipps beachten.

Inszenierung

Stellt den Strauß in eine schöne Vase und entfernt alle weniger schönen Gegenstände aus dem Blickfeld.

Von oben herab!

Um euren Strauß richtig schön zur Geltung zu bringen, solltet ihr ihn von oben fotografieren.

Licht

Wählt einen Standort mit gutem natürlichem Licht aus. Vermeidet aber direktes oder künstliches Licht. Wenn ihr im Freien fotografiert, ist Schatten besser als direktes Sonnenlicht, da sonst die Farben und Kontraste verzerrt werden.

Der Feinschliff

Zupft euren Strauß noch ein bisschen zurecht: Achtet darauf, dass die Blumen symmetrisch verteilt sind, damit er harmonisch wirkt. Entfernt, falls nötig, die Kelchblätter. Habt ihr den Strauß gerade erst frisch bekommen, dann wartet mit dem Foto ein bisschen, bis die Blumen schön aufgegangen sind. Dann könnt ihr sie fotografieren, wenn sie am schönsten sind.

Rahmen

Wählt den Porträt-Modus, wenn eure Kamera damit ausgestattet ist. Spielt mit der Schärfentiefe und fokussiert die Hauptblüte. So wird der Hintergrund unscharf und euer Strauß tritt wunderbar hervor.

Der *Winter-strauß*

Nur weil die Bäume ihre Blätter haben fallen lassen, bedeutet das nicht, dass alle Blumen die Gärten verlassen haben. Auch der Winter hat seine Schönheiten, und diese stehen denen der anderen Jahreszeiten in nichts nach.

In meinem winterlichen Garten

Die Temperatur sinkt, die Tage werden kürzer, Schnee kündigt sich an. Die Cocooning-Saison ist eröffnet! Und was gibt es da Besseres, um die wohlige Gemütlichkeit zu Hause zu genießen, als einen hübschen Strauß in warmen Farben, den ihr in aller Ruhe bewundern könnt?

Im Winter schwärmen wir besonders für zwei Blumen: die Ranunkel, prall und farbenfroh, und die Anemone mit ihrem schwarzen Kern und den zarten Blütenblättern.

Unsere Blumen- und Beerenfavoriten im Winter

- Ranunkel
- Anemone
- Mimose
- Amaryllis
- Stechpalme
- Kamelie
- Hyazinthe
- Christrose

»Im Garten, dort, wo die Melancholie schläft, sind Anemone und Akelei gewachsen (...)«

Guillaume Apollinaire

Die Ranunkel

Ein bisschen zurückhaltender sieht sie aus, die Winter-Cousine der Pfingstrose. Sie hat einen grünen Kern und unzählige Blütenblätter, die sich kreisförmig um diesen herum gesellen. Es gibt sie in verschiedenen kalten und warmen Farbtönen.

SAISON

November bis März

Die Ranunkel wächst sogar, wenn die Temperatur sich den Minusgraden nähert. Dennoch solltet ihr euren Strauß nicht draußen auf der Fensterbank stehen lassen.

PFLEGE

Schön kühl

Wie alle Schnittblumen mag sie keine Hitze.

PRÄSENTATION

Eure Lieblingsvase

Die Ranunkel wird von Floristen vor allem wegen ihrer Langlebigkeit geschätzt. Wenn ihr euch gut um sie kümmert, könnt ihr euch etwa 10 Tage lang an ihr erfreuen.

KLEINE GEHEIMNISSE

Wandelbar

Die Ranunkel verändert zu unserer großen Freude mit der Zeit ihr Aussehen. Wenn sie abgeschnitten wird, ist die Blüte noch eine kompakte Kugel. Nach und nach öffnet diese sich, entfaltet ihre zahlreichen Blütenblätter und verdreifacht dabei ihr Volumen.

Die Cocorico

Diese Sorte ist in Frankreich sehr beliebt und braucht nur ein warmes, mediterranes Klima, um gut zu gedeihen. Alle unsere Produzenten bauen Ranunkeln im Département Var an.

FARBPALETTE

Die Anemone

Mit ihrem Vintage-Chic, den samtigen Blütenblättern und dem geheimnisvollen schwarzen Kern ist die Anemone eine besonders charmante Erscheinung. Sie versüßt euch problemlos die Zeit bis zum nächsten Frühling.

SAISON

November bis März

Wenn ihr diese Blume liebt, könnt ihr euch den ganzen Winter an ihr erfreuen.

PFLEGE

Schön kühl

Ihr solltet Anemonen an einem kühlen Platz und in sicherer Entfernung von Heizkörpern aufstellen. Am besten kauft ihr sie, wenn die Blüten noch geschlossen sind, dann habt ihr länger etwas von ihnen.

PRÄSENTATION

Hohe Vase

Es reicht, wenn etwa 2 cm hoch Wasser in der Vase steht, aber achtet darauf, dass wirklich alle Blumenstiele Wasser abbekommen. Wechselt das Wasser alle 2 Tage. Um den Anemonen einen Energieschub zu verpassen, könnt ihr die Vase über Nacht in einen kühlen Raum stellen.

KLEINE GEHEIMNISSE

Botschaft

Traditionell bedeutet das Verschenken von Anemonen, dass man seine Unterstützung anbietet, und sie sind ein Ausdruck von Zuversicht, dass bessere Tage kommen werden. Mit Anemonen sagt man: »Ich stehe dir bei.«

FARBPALETTE

Grünes zum Jahresende

Den Winter nutzen wir, um auf den üblichen Eukalyptus zu verzichten und verleihen den Sträußen eine festlichere Note. Im Folgenden ein paar Ideen dazu, welche Zweige ihr in der Blumenhandlung kaufen oder selbst sammeln könnt. Nutzt die Gelegenheiten, denn sie machen sich großartig in einer Vase!

- Thuja: Sie ist so widerstandsfähig, dass sie auch Lebensbaum (lat. *arbor vitae*) genannt wird. Häufig wird sie als Hecke gepflanzt, daher müsst ihr sicher nicht lange suchen, um ein paar Zweige zu bekommen.
- Tanne: Die müssen wir nicht mehr vorstellen! Tannenzweige passen gut in weihnachtliche Blumenkompositionen.
- Mistel: Ob mit oder ohne weiße Beeren, die Mistel sorgt für Volumen und bringt außerdem Glück!
- Stechpalme: Mit dem Grün ihrer Blätter und dem Rot der kleinen Beeren liefert sie alle typischen Weihnachtsfarben. Doch Vorsicht beim Anfassen!

Festliche Deko

Ob Kranz, Tischdekoration oder Blumenstrauß, aus all diesen Zweigen lassen sich jede Menge originelle Deko-Elemente speziell für die Feiertage gestalten. Später gibt es noch mehr Tipps dazu.

Der Landhausstrauß

Bunt, wild und ein bisschen crazy … Der Landhausstrauß ist immer lebendig und charaktervoll. Nicht umsonst ist er der Star unter unseren Kreationen!

Inspiration

Wer hat noch nie bei einem schönen Spaziergang durch Felder und Wiesen Lust bekommen, Blumen zu pflücken und mitzunehmen? Einfach und doch besonders, wild und doch gezähmt, authentisch, aber raffiniert – der Landhausstrauß hat viele Facetten und passt sich jedem Einrichtungsstil an.

Es folgen ein paar Tipps, die euch helfen, einen stilvollen Strauß zusammenzustellen. Wenn ihr ein paar Regeln beachtet, bekommt ihr den idealen Strauß!

»Um die Welt in einem Sandkorn zu sehn, und den Himmel in einer wilden Blume.«

William Blake

»Der Landhausstrauß verschreibt sich dem Augenblick: Verwendet nur saisonale Blumen und Pflanzen.«

Die Fantasie spielen lassen

Im Gegensatz zu den meisten traditionellen Sträußen hebt der Landhausstrauß keine bestimmte Blume hervor. Rosen, Ranunkel und Pfingstrosen sind zwar willkommen, sie müssen aber nicht im Mittelpunkt stehen. In diesen Zusammenstellungen sind Wildblumen ebenso wichtig wie ihre anspruchsvollen Cousinen.

Erlaubt ist, was gefällt

Zieht einfach los, lasst euch von der Natur inspirieren und pflückt Gräser und Zweige, Schafgarbe und Wilde Möhre. Nehmt einfach, was euch gefällt und zusammenpasst, dann erhaltet ihr ganz von allein einen schönen und harmonischen Strauß, der Blumen, Blätter und Zweige aufs Schönste vereint.

Auch wenn ihr Dinge kombiniert, die auf den ersten Blick nicht gut zusammenpassen, kann das zu überraschend schönen Ergebnissen führen. Filigrane Triebe, dicke Stiele, wehrhafte Stacheln und liebliche Blüten – lasst euch von der Vielfalt der Natur verführen.

»Traut euch, frische und getrocknete Blumen miteinander zu kombinieren.«

Die richtige Form

Lasst eurer Fantasie freien Lauf. Der klassische, eher rund gebundene Strauß ist kein Muss, andere Formen entfalten ebenfalls eine großartige Wirkung. Der Landhausstrauß gilt nicht umsonst als wild, eine freie, kreative Gestaltung ist hier entscheidend. Das darf ruhig ein wenig zerzaust und asymmetrisch wirken, und wenn euch noch etwas Verrücktes einfällt, wird das Ergebnis nur umso gelungener sein.

Spiel mit den Blättern

Um eine ausgefallene Form zu erhalten, nutzt ihr am besten Zweige und Blätter und lasst sie die Hauptrolle spielen. Vergesst alle festgelegten Regeln! Nehmt unterschiedlich lange Zweige und lasst einige stärker herausragen als andere. Spielt mit den verschiedenen Größen, Volumen und Grüntönen.

Wenn ihr grüne Zweige zwischen Blumen mit einer starken Persönlichkeit steckt, verleiht das dem Strauß auch mehr Leichtigkeit.

Ein Hoch auf das Grün!

Warum nicht noch einen Schritt weiter gehen? Stellt einen Strauß nur aus grünen Zweigen und Blättern zusammen, das Ergebnis ist wunderschön!

Pflücken und schmücken

Ihr wollt einem Strauß mehr Volumen verleihen? Ein paar Blumen im Strauß sind schon verwelkt, andere noch nicht? Dann ist es Zeit, selbst ein paar Blumen zu pflücken und den Blumenstrauß zu füllen und zu beleben.

Wenn ihr am frühen Morgen mit einer Gartenschere loszieht, werdet ihr den größten Erfolg haben. Erfrischt von der Kühle und Feuchte der Nacht sind die Blumen dann noch voller Kraft und machen sich großartig in der Vase. So könnt ihr jeden Strauß nach persönlicher Vorliebe erweitern, welke Blumen ersetzen und damit länger etwas von dem Strauß haben.

Unsere Favoriten

- Schafgarbe
- Gurkenkraut
- Schwarzkümmel
- Gänseblümchen
- Kosmea (Schmuckkörbchen)
- Kamille
- Dill
- Distel

Zum Selbstpflücken:

- Wildblumen (Schafgarbe, Narzissen oder Dill)
- Gräser
- Zweige und Blätter (Farn oder Haselnusszweige)

»Pflückt nicht zu viel an einer Stelle und reißt nie die Wurzeln der Pflanze aus.«

Der *exotische Strauß*

Der Urlaub ist noch in weiter Ferne? Ein bunter Strauß mit ungewöhnlichen Strukturen kann euch die Zeit bis dahin versüßen und euch schon mal auf andere Gefilde einstimmen.

PADDYWAX
APOTHECARY
EST. 1996
CHAMOMILE
& FIG

Fernweh

Die ersehnte Fremde muss nicht unbedingt weiter entfernt sein als der Tisch, auf dem euer Blumenstrauß steht. Ein exotischer Strauß kann deprimierendes Alltagsgrau bekämpfen und Farbe in euren Alltag bringen.

Dabei setzen wir auf tropische Blumen mit einzigartigen Formen und schillernden Farben.

Eine exotische Blume macht aufgrund ihrer Größe und ihrer interessanten Struktur jeden Strauß zu etwas ganz Besonderem.

Unsere Favoriten

- Flamingoblume
- Protea
- Monstera-Blatt
- Dracocephalum nutans
- und, warum nicht: Ananas!

»Da sie sich sehr gut in der Vase halten, habt ihr 10 Tage lang eure Freude an ihnen.«

Der *einfarbige Strauß*

Das Bessere ist der Feind des Guten, das wusste schon Voltaire. Ob für eine Hochzeit, um eure Gefühle auszudrücken oder einfach nur so zum Genießen – es geht nichts über die ultimative Eleganz schlichter Einfarbigkeit.

Weniger ist mehr

Bei einfarbigen Blumensträußen denkt ihr vielleicht nur an einen Strauß dunkelroter Rosen oder pastellrosa Pfingstrosen. Doch jenseits dieser Klassiker gibt es viele andere Möglichkeiten, mit nur einer Farbe zu arbeiten.

Wenn ihr verschiedene Blumen im gleichen Farbton kombiniert, bekommt ihr einen farblich einheitlichen Strauß mit einer Vielzahl von Formen und Strukturen!

Camaieu-Technik: Viel Spaß beim Kombinieren von Farbtönen, die zwar ähnlich sind, aber unterschiedliche Schattierungen und Intensitäten aufweisen! Mischt zum Beispiel Himbeerrosa mit Zartrosa und Fuchsia. Ist der Unterschied zwischen zwei Farbtönen zu groß, könnt ihr zweifarbige Blumen, wie etwa bestimmte Nelkensorten, einfügen, um einen sanften Übergang herzustellen.

»Spielt mit unterschiedlichen Farbabstufungen, indem ihr verschiedene Blumen verwendet.«

Und das Grün?

Das Grün der Blätter schwächt den monochromen Eindruck ab. Daher ist es besser, nicht zu viel davon zu verwenden.

Die Bedeutung der Farben

Auch wenn dieses Wissen schon größtenteils verloren gegangen ist, hat doch jede Blütenfarbe traditionell eine bestimmte Bedeutung. Manchmal sagt ein Strauß eben mehr als tausend Worte.

Rot
Die Farbe der Leidenschaft, der tiefen Liebe, der Liebe auf den ersten Blick …
Eignet sich nicht als Abschiedsgeschenk für Kolleg*innen, die sich in den Ruhestand verabschieden, es sei denn, ihr wollt ihnen etwas sagen.

Rosa
Zärtlichkeit, Jugend, Unbekümmertheit: Traditionell schenkt man einem jungen Mädchen oder einer lieben Freundin rosa Blumen. Damit kann man nichts falsch machen!

Weiß
Das Symbol der Reinheit der Gefühle und Absichten. Mit dieser Farbe kann man seine Bewunderung am dezentesten ausdrücken.

Gelb
Bei dieser Farbe besteht keine Einigkeit: Sie kann Energie, Gesundheit und Freundschaft symbolisieren, aber auch Verrat oder die Bitte um Vergebung. Verwendet sie also mit Vorsicht!

Lost in translation

Die Symbolik der Farben ist nicht in allen Kulturen gleich. In China oder Japan etwa steht Weiß für Trauer.

Die Vase ist keine Nebensache

Bevor sie zu euch kommen, haben die Blumen schon einiges erlebt. Sie wurden wochenlang in Gärtnereien gepflegt und umhegt, von leidenschaftlichen Floristen sorgfältig zusammengestellt, von euren Liebsten oder euch selbst liebevoll ausgesucht. Sie verdienen es daher auch, bestmöglich präsentiert zu werden.

Hier ein paar Tipps:

- Je weniger Farben ein Strauß aufweist, desto origineller kann die Vase sein. Bei einem bunten Strauß empfiehlt sich eine eher schlichte Vase.
- Ihr fürchtet zu vergessen, das Wasser zu wechseln? Euer Strauß besteht aus gefärbten Eukalyptuszweigen? Dann eignet sich eine durchsichtige Vase besonders gut.
- Für einen stabileren Stand solltet ihr eine Vase mit breiter Basis und schmalem Hals wählen. Vorsicht bei Blumen mit einem dicken Stiel (Ranunkel oder Pfingstrosen): Da darf der Vasenhals nicht zu schmal sein.
- Wenn ihr Angst habt, dass die Vase umfällt, weil die Blumen so voluminös sind, dann gebt einfach ein paar Kieselsteine in die Vase.

Mehrere Vasen

Ihr habt für euren XXL-Strauß keine ausreichend große Vase zur Hand? Dann verteilt die Blumen einfach auf mehrere kleine Gefäße, die sich in Größe und Form unterscheiden. Das ergibt eine Neuinterpretation des Straußes!

Seid kreativ!

Wie wir bereits im Zusammenhang mit Zimmerpflanzen erwähnt haben, müssen auch Blumen nicht unbedingt in dazu vorgesehenen Vasen stehen, um uns zu erfreuen. Seid kreativ!

Für Trockenblumen muss es kein wasserdichtes Gefäß sein: Da können Weidenkörbe oder ein Strohhut zum Einsatz kommen. Möglichkeiten gibt es viele! Ihr könnt auch originelle Holzkisten verwenden, in denen ihr wasserdichte Gefäße versteckt. Krüge eignen sich für große, hohe Sträuße oder Teekannen für kleine, runde Kompositionen.

Für Einzelblumen oder Kombinationen aus einigen wenigen Blumen bieten sich Flaschen oder Reagenzgläser in unterschiedlichen Größen als perfekte Vasen an.

Tischdeko

Ein schön geschmückter Tisch ist etwas Wunderbares, allerdings können hohe Sträuße das Gespräch mit dem Gegenüber erschweren. Um dies zu vermeiden, könnt ihr einen oder mehrere niedrige Behälter aufstellen, in denen nur Blüten schwimmen.

Unsere Favoriten für improvisierte Vasen

- Körbe
- Flaschen
- Krüge
- Milchkrüge
- Reagenzgläser
- Teekannen
- Gießkannen

Der *Weihnachts-strauß*

Die festlichste Zeit des Jahres naht!
Und das ist ein weiterer guter Grund, (auch sich selbst) Blumen zu schenken. Sträuße, Kränze, Tischdekoration – Möglichkeiten gibt es genug, um mit Blumen eine feierliche Atmosphäre in euer Wohnzimmer zu zaubern.

Blumen zu Weihnachten

Wenn es darum geht, eine winterliche, festliche Tafel mit Blumen zu schmücken, gibt es grundsätzlich zwei Möglichkeiten: kühle Kompositionen oder jene in Weihnachtsfarben.

Für einen winterlich kühlen Strauß kommen kalte Farben zum Einsatz: das Mitternachtsblau der Anemonen, das Silbrige der Disteln, das makellose Weiß der Ranunkeln – oder das Schleierkraut, das an Schnee denken lässt.

Bei einem klassischen Weihnachtsstrauß dominieren die Farben Rot und Weiß. An roten Blumen mangelt es nicht: Ranunkel, Stechpalme, Anemone – ihr müsst euch nur entscheiden!

Unsere Blumen- und Pflanzenfavoriten für die Weihnachtszeit

- Ranunkel
- Anemone
- Rose
- Hagebutte
- Stechpalme
- Oleander
- Distel

Weiße Weihnacht

Schleierkraut passt gut in weihnachtliche Sträuße, denn es erinnert an mit Schnee und Raureif überzogene Natur. Außerdem lässt es sich gut trocknen – das perfekte Andenken an die Festtage!

Der extravagante Strauß

Für die Feierlichkeiten am Ende des Jahres sind Exzesse erlaubt! Lasst der Fantasie freien Lauf und fügt euren Sträußen Gold- und Silbertöne, Tannenzapfen und Bänder hinzu.

Die Checkliste für Weihnachten:

- vergoldeter Zierspargel für den festlichen Touch,
- Tannen- oder Thujazweige,
- Hagebutte, denn die roten Beeren erinnern an die Stechpalme.

Gold oder Silber?

Gold für die traditionelle Version und Silber für den *frosty* Touch. Ihr entscheidet!

Der Trick mit dem Spray

Um Trockenblumen oder Deko-Elemente einzufärben, könnt ihr Spraydosen mit Lackfarbe verwenden. Für frische Blumen braucht ihr spezielle Sprühdosen, die es in manchen Blumenläden gibt.

Ein zweites Leben

Euer Strauß ist verwelkt? Hebt geeignete Bestandteile auf und verwendet sie für die folgenden Tutorials!

Der Weihnachtskranz

30 MIN. LEICHT

Ein schöner, selbst gebastelter Weihnachtskranz, der an der Tür hängt, heißt eure Gäste schon vor dem Eintreten willkommen. Die gute Nachricht: Ihr müsst nur ein paar Tricks kennen, damit er euch gelingt.

Was ihr benötigt

- Klebstoff (Heißklebepistole oder Flüssigkleber)
- Lackspraydose (Gold oder Silber)
- Gartenschere
- Kranz aus Tannenzweigen oder Stroh
- getrocknete Blumen
- Weihnachtsschmuck

1. Besprüht die Elemente, die ihr einfärben möchtet (Trockenblumen, Blätter, Deko).

2. Achtet darauf, dass ihr alles rundum einfärbt und keine Seite vergesst. Lasst die Objekte anschließend trocknen und lüftet gut durch.

3. Schneidet die Stiele der getrockneten Blumen ganz ab.

4. Klebt die Deko-Elemente mit Flüssigkleber oder einer Heißklebepistole auf den Kranz.

5. Verteilt die Deko gleichmäßig rundherum.

PS: Wenn der Kranz für die Mitte eines Tisches bestimmt ist, sollten auch seine Außenseiten schön geschmückt sein.

Tischdeko

30 MIN. FÜR EXPERT*INNEN

Diese opulente Tischdeko wirkt, als käme der König des Waldes selbst, um euer Fest mit seiner Anwesenheit zu beehren. Der Tischschmuck sorgt garantiert für festliche Stimmung!

Was ihr benötigt

- Lackspraydose (Gold oder Silber)
- Gartenschere
- ein Stück Draht
- kleine Kunststoffbehälter
- Tannen- oder Thujazweige
- getrocknete Blumen
- Zweige mit Blättern
- frische Blumen

1. Besprüht die Elemente, die ihr einfärben möchtet, gleichmäßig und achtet darauf, gut zu lüften.

2. Schneidet Tannenzweige in der zu eurem Tisch passenden Größe ab, um eine Basis für den Tischschmuck zu gestalten.

3. Bindet die Zweige mit Draht zusammen.

4. Schiebt die getrockneten Zweige mit Blättern und die Blumen zwischen die Tannenzweige. Falls nötig, bindet ihr sie mit Draht fest.

5. Die frischen Blumen stellt ihr in die kleinen Behälter mit Wasser …

6. … die ihr zwischen den Zweigen versteckt.

Der *Trockenblumen-strauß*

In den letzten Jahren wurde er ein wenig vernachlässigt, da er als altmodisch abgestempelt wurde. Mittlerweile verführt sein nostalgischer Charme wieder, und das ist gut so!

Back to nature

Retro und Vintage sind wieder in und somit ist der Trockenblumenstrauß ein unvergängliches Must-have, das alle Generationen begeistert.

Sonnige Nachmittage in der Provence, der Duft eines am Morgen gepflückten Straußes, der dekorativ auf der Fensterbank steht, Familienabende mit lautem Gelächter und Erinnerungen an früher … Trockenblumensträuße rufen solche Bilder und Emotionen hervor! Und all das mit einem unglaublichen ästhetischen Charme. Ein Vorteil: Ihr müsst nichts dafür tun, außer eine Vase zu holen (ohne Wasser, versteht sich) und einen Ehrenplatz zu finden!

Unsere liebsten Trockenblumen

- Strandflieder
- Hafer
- Strohblume
- Schleierkraut
- Mohnkapseln
- Hortensie
- Schafgarbe

Schön trocken

Ist der Strauß feucht geworden und hat seine Stabilität verloren, könnt ihr ihn kurz über einen Topf mit kochendem Wasser halten, um ihm noch mehr Feuchtigkeit zuzuführen. Danach hängt ihr ihn ein paar Tage kopfüber auf, dann ist er wieder so schön wie zuvor.

Blumen trocknen

Es ist viel einfacher, den Sommer und Erinnerungen festzuhalten, als ihr glaubt. Trocknet einfach Blumen – das könnt ihr natürlich auch nur deshalb tun, weil es schön aussieht.

Können alle Blumen getrocknet werden? Die meisten! Das Vorgehen ist dabei immer das gleiche: Hängt jeden Zweig oder jede Blume einzeln kopfüber an einem kühlen, trockenen und luftigen Ort auf. Die Trocknungszeit kann je nach Blume variieren, von einigen Tagen bis zu 2 Wochen. Einige Blumen, wie Rosen und Nelken, sind nicht ganz unkompliziert beim Trocknen, aber meist gibt es überraschende und schöne Ergebnisse.

Das Geheimnis der Florist*innen

Um die Farben der Blumen weitgehend zu erhalten und sie weniger brüchig zu machen, könnt ihr pflanzliches Glyzerin verwenden. Füllt in eine Vase zwei Drittel heißes Wasser und ein Drittel Glyzerin. Lasst das Ganze abkühlen und stellt dann die Blumen etwa 2 Wochen hinein. Danach lasst ihr die Blumen an der Luft kopfüber trocknen.

Blumen, die sich gut zum Trocknen eignen

- Strandflieder
- Schleierkraut
- Gräser
- Schafgarbe
- Craspedia (Trommelstöckchen)
- Herbst-Hortensie
- Eukalyptus

Mit Gefühl

Getrocknete Blumen sammeln natürlich auch Staub an. Um sie immer mal wieder zu säubern, fönt ihr sie am besten ganz vorsichtig kalt ab.

Trockenblumen machen sich großartig als Sträuße, wilde Gebinde oder auch einzeln in Ballonflaschen. Ihr könnt sie zu Kränzen binden oder sie einfach so als Deko auf den Tisch legen.

Ein Stickrahmen als Blumenkranz

30 MIN. LEICHT

Wenn ihr ein dezentes blumiges Deko-Element für eine Wand sucht, das monatelang hält, dann haben wir einen Tipp für euch: Nehmt einen Stickrahmen, schmückt ihn und hängt ihn dort auf, wo es euch gefällt.

Was ihr benötigt

- Schere
- Stickrahmen
- Band
- Heißklebepistole oder Flüssigkleber
- eine große getrocknete Blume
- eure Lieblingstrockenblumen
- Zweige mit Blättern und/oder Gräser

1. Schneidet die Zweige und Gräser so zu, dass ihr Stiel etwa 1 cm lang ist.

2. Schneidet den Stiel der Blumen direkt unterhalb der Blüte ab.

3. Klebt die große Blüte auf den Stickrahmen, spart nicht mit Kleber, vor allem, wenn die Blüte groß und schwer ist.

4. Klebt die anderen Elemente auf, dabei sollte die meiste Deko um die große Blüte herum angebracht sein.

5. Gestaltet das Ganze asymmetrisch, indem ihr ein Drittel der Blüten und Blätter auf der einen Seite der Hauptblüte aufklebt und zwei Drittel auf der anderen.

6. Knotet das Band zum Aufhängen an den Rahmen.

Haarkränze aus Trockenblumen

Ob für eine Hochzeit, ein Fest, eine Gartenparty oder einfach nur so – der Haarkranz aus Trockenblumen ist das ultimative Accessoire, mit dem jedes Outfit ganz einfach, aber effektiv aufgewertet werden kann. Ein Hauch von Boheme und zeitloser Charme!

Frisch oder trocken?

Wenn ihr euch für frische Blumen entscheidet, muss euch klar sein, dass der Kranz maximal einen Tag schön bleibt. Wählt unbedingt robuste Blumen und bewahrt den Kranz im Kühlschrank auf, bis ihr ihn aufsetzt. Einem getrockneten Haarkranz könnt ihr ein zweites Leben schenken, indem ihr ihn als Deko-Element verwendet.

Ein Hauch von …

Für einen etwas dezenteren Boheme-Touch könnt ihr auch lediglich Haarspangen oder -kämme mithilfe einer Heißklebepistole mit Blumen bekleben oder ein Sträußchen für das Knopfloch eines Sakkos gestalten.

Ein Haarkranz aus Trockenblumen

30 MIN. LEICHT

Stellt euch einen großen rustikalen Tisch vor, den Wind, der sanft mit den Vorhängen spielt, den Duft einer frisch gebackenen Obsttarte und Trockenblumen, die nur darauf warten, zu einem hübschen Haarkranz verarbeitet zu werden.

Was ihr benötigt

- Draht, etwa 20 cm lang
- Klebeband für Kränze (vom Blumenhändler)
- Schere
- Band
- getrocknete Blumen, Gräser und Blätter

1. Schneidet die Blumen etc. so zu, dass die Stiele etwa 2 cm lang sind.

2. Umwickelt den Draht mit Klebeband.

3. Bildet an den Drahtenden jeweils eine Schlaufe und fixiert diese mit dem Klebeband.

4. Bildet einen Mini-Strauß aus 3 Stielen und befestigt diesen mithilfe des Klebebandes gut an einem Ende des Drahtes. Umwickelt die Stiele mit Klebeband.

5. Wiederholt diesen Vorgang mit weiteren kleinen Sträußen und fügt sie immer in der gleichen Richtung hinzu.

6. Ihr könnt das Volumen des Kranzes variieren, indem ihr die Anzahl der Stiele im Mini-Strauß erhöht.

7. Wenn der Kranz fertig ist, zieht ihr das Band durch beide Drahtschlaufen …

8. … und bindet den Kranz um euren Kopf.

Glossar

Ackerwildkräuter
Pflanzen, die auf Äckern wachsen.

Blattstiel (Petiolus)
Der Blattstiel ist der Teil des Blattes, der das Blatt mit dem Zweig, an dem es sitzt, verbindet.

Blumenzwiebel
Das unterirdische Organ, das die Reserven bestimmter Pflanzen beinhaltet. Die Tulpe ist eine Zwiebelblume.

Blütenkelch
Dies ist der äußere Teil der Blüte, der von den Kelchblättern gebildet wird.

Blütenkrone
Die von den Blütenblättern gebildete Blütenkrone umgibt das Innere der Blüte.

Blütenstand (Infloreszenz)
Der Blütenstand ist ein verzweigter Teil des Sprossachsensystems, der die Blüten trägt.

Blütenstandsstiel
Der Blütenstandsstiel trägt den Blütenstand.

Blütenstiel (Pedicellus)
Die Achse, die eine Blüte trägt und danach die Früchte.

Einjährige Pflanze
Eine Pflanze, die nur ein Jahr schön blüht und überlebt.

Ethylen
Eine gasförmige Kohlenwasserstoffverbindung, die als Pflanzenhormon wirkt.

Gefüllte Blüten

Eine Blüte, die mehrere Reihen von Blütenblättern aufweist, wird als »gefüllt« bezeichnet.

Hybride

Kreuzt man zwei Pflanzen verschiedener Arten, erhält man eine sogenannte Hybridpflanze.

Hygrometrie

Messung der Feuchtigkeit der Luft.

Immergrüne Pflanzen

Sie werfen ihre Blätter im Winter nicht ab.

Kappen (kupieren)

Die Endknospe wird gekappt, damit sich die Pflanze besser verzweigt.

Kelchblatt (Sepalum)

Die Kelchblätter umhüllen die Blüte. Sie bilden den äußeren Ring der Blütenhüllblätter, den Kelch.

Knolle
Ein fleischiges, verdicktes Speicherorgan von Pflanzen.

Kulturvarietät
Durch Zucht gewonnene Pflanzen.

Laubabwerfend
Ein Baum, der im Winter seine Blätter abwirft, wird als laubabwerfender Baum bezeichnet.

Mehrjährige Pflanze
Eine Pflanze, die mehrere Jahre und Lebenszyklen überdauert.

Fotosynthese
Der Prozess, bei dem die Pflanze Kohlenstoffdioxid und Wasser in Glukose verwandelt.

Fototropismus
Durch einseitigen Einfall von Licht hervorgerufene Veränderung der Wachstumsbewegung.

Remontieren
Einige Pflanzen blühen im Jahr mehrmals hintereinander.

Rhizom
Ein meist unter der Erde oder dicht über dem Boden wachsender Spross; von ihm gehen nach unten die Wurzeln aus und nach oben die Blatttriebe und Luftwurzeln.

Staubblätter
Die männlichen Geschlechtsorgane der Pflanze, sie tragen die Pollenkörner.

Steckling
Der Steckling ist ein Stück einer Pflanze, das dazu dient, eine neue Pflanze heranzuziehen. Je nach Pflanze kann es ein Zweig, ein Blatt, eine Wurzel oder eine Knospe sein.

Stempel (Pistill)
Bezeichnung für die Gesamtheit aus Fruchtknoten mit darin enthaltener Samenanlage, Griffel und Narbe.

Sukkulente
Saftreiche Pflanzen, die in ihren Pflanzenteilen Wasser speichern können.

Trivialname
Der gebräuchliche Name einer Pflanze (oder eines Tieres).

Umtopfen
Eine Pflanze wird in einen neuen, etwas größeren Topf umgepflanzt.

Unkraut
Unkraut sind Wildpflanzen, die zwischen Kulturpflanzen wachsen.

Verfrühtes Wachstum
Ein im Vergleich zur Norm verfrühtes Wachstum.

Verzögertes Wachstum
Ein im Vergleich zur Norm verzögertes Wachstum.

Verzweigung (Ramifikation)
Die Ausbildung neuer und gleicher Glieder des Vegetationskörpers.

Vielblütig
Eine Pflanze, die mehrere Blüten hat.

Zweijährige Pflanze
Eine Pflanze, deren Lebenszyklus zwei Vegetationsperioden umfasst.

Ausführliches Inhaltsverzeichnis

Dank

Ein großes Dankeschön geht an Agathe, Benoit, Sandrine und das ganze Marabout-Team dafür, dass ihr uns geholfen habt, unsere Begeisterung für Pflanzen weiterzugeben.

Wir danken Clémence und Sophie für ihr enzyklopädisches Wissen, das beim Verfassen dieses Buches so wichtig war; unvergessen sind auch Raphaels Recherchen und seine interessanten Pflanzenanekdoten.

Wir bedanken uns bei all unseren Floristen, die täglich unsere Sträuße zusammenstellen, besonders bei Clémence; und immer wieder bei Tom und Quentin, die mit ihrem Know-how und ihrer guten Laune unsere Shootings beleben.

Vielen Dank, Louise, für dein Auge als Fotografin und dein Händchen für die Malerei und euch beiden Marions für euren Einfallsreichtum und eure Kreativität. Merci allen talentierten Fotograf*innen und Illustrator*innen, die zu diesem Projekt beigetragen haben: Emilie, Claire, Julie, Olivia, Camille, Vincent und Daphne.

Von Herzen danken wir auch unseren Gastgebern, die uns für die zahlreichen Shootings mit offenen Armen in ihren geschmackvollen Wohnungen empfangen haben: Mylène, Cyrielle, Alice und Jean.

Und schließlich geht ein großes Dankeschön an Romain und Loïc, ohne die es Bergamotte nicht geben würde. Danke allen »Green Addicts«, die uns Mut gemacht und es ermöglicht haben, dass sich unsere grüne Werkstatt weiterentwickelt.